Anja Malek

Work & Travel in Neuseeland

Richtig vorbereiten, reisen und jobben

Bibliografische Informationen der Deutschen Bibliothek
Die Deutsche Bibliothek verzeichnet diese Publikation in der
Deutschen Nationalbibliografie;
detaillierte bibliografische Daten sind im Internet über http://dnb.ddb.de abrufbar

© 2013 MANA-Verlag, Berlin; www.mana-verlag.de
1. Auflage

Das Werk ist in allen seinen Teilen urheberrechtlich geschützt.
Jede Verwertung außerhalb der engen Grenzen des Urheberrechtsgesetzes
ist ohne Zustimmung des Verlags unzulässig.
Das gilt insbesondere für Vervielfältigungen, Übersetzungen,
Mikroverfilmungen und die Einspeicherung und Verarbeitung
in elektronischen Systemen.

Satz und Layout:
Jürgen Boldt, Sidonie Joubert
Satz- und Layoutkonzeption, Umschlaggestaltung:
tomcom; www.tomcom-online.de
Druck: Standartu
ISBN: 978-3-95503-001-8

Bildnachweis

Titelfoto:
Tourism New Zealand

Bilder im Textteil:
Anja Malek (9, 33, 38, 34, 123, 126, 146,148, 154, 161, 172, 188), Northland Inc. (10), Destination Rotorua Marketing (17, 179), Jones Dignam (25 cc-by-sa), Richard Huber (26 cc-by-sa), Ricarda Schmidt (29), Otorohanga Kiwi House (31), Robin Miller (41), Yabby (42), Bluebridge Cook Strait Ferry, Wellington (53, 97, 170), Laka Wanaka Tourism, www.lakewanaka.co.nz (67, 140, 175), Auckland Airport (80 cc-by-sa), Positiveley Wellington, www.WellingtonNZ.com (93), Kelli Mutchler (105), iSite Christchurch (107), Weingut Muddy Waters (111), Palliser Estate Wines of Martinborough (113), Fishermansdaughter (129), The Bug Packpacker, Nelson (132), Robert Cutts (151), Charles Brewer (165 cc-by-sa), Dan Steer (168), Destination Marlborough (172), Northland Tourism (181), Stefan Heinrich (184 cc-by-sa), gemeinfrei (23, 49, 144)
Die Creative-Commons-Lizenz (cc-by-sa) im Internet:
http://creativecommons.org/licenses/by-sa/3.0/de/deed.de

Alle Informationen in diesem Buch sind von dem Autor mit größter Sorgfalt gesammelt und vom Lektorat gewissenhaft bearbeitet und überprüft worden. Inhaltliche und sachliche Fehler können dennoch nicht ausgeschlossen werden. Sowohl der Verlag als auch der Autor übernehmen keinerlei Verantwortung und Haftung für sachliche und inhaltliche Fehler.

Vorwort 10

1 | Am Anfang ist es nur eine Idee... 12

1.1 Ist Work & Travel das Richtige für mich? 12
1.2 Wann ist der richtige Zeitpunkt? 13
1.3 Work & Travel in Neuseeland 14
1.4 Mit einer Organisation reisen oder alles selbst planen? 15
1.5 Allein, zu zweit oder in der Gruppe reisen? 18
1.6 Kann ich mir Work & Travel überhaupt leisten? 19

2 | Neuseeland – Eine kurze Einführung 22

2.1 Geschichte 22
2.2 Geografie 24
 Vulkane und Erdbeben 25
2.3 Zeitunterschied 26
2.4 Klima und Wetter 27
2.5 Natur und Tiere 29
 Kauri-Bäume – Giganten des Waldes 30
 Eine ganz besondere Tierwelt 31
2.6 Die Neuseeländer 34
2.7 Maori-Kultur 37
 Haka – Der Tanz der Krieger 39
2.8 Kulinarische Spezialitäten 40
 Der Pavlova-Streit 43

3 | Vorbereitung und Planung 44

3.1 Das Visum: Bestimmungen, Beantragung 44
3.2 Flugbuchung 48
 Round the World Ticket 49
3.3 Gesundheit und Impfungen 53
3.4 Gut versichert 55
 Auslandskrankenversicherung 55
3.5 Geldangelegenheiten 58
3.6 Gepäck und elektrische Geräte 61

- 3.7 Ausweispapiere und sonstige Dokumente 63
- 3.8 Sonstige Vorbereitungen 66
- 3.9 Do you speak English? 70
- 3.10 Reiseroute und Reisezeit 71
- 3.11 Informationen über Neuseeland und Work & Travel 72

4 | Endlich geht's los 75

- 4.1 Tipps für den langen Flug 75
- 4.2 Einreise: Passenger Arrival Card und Biosecurity 77
- 4.3 Vom Flughafen in die Stadt 79
  - Auckland 79
  - Christchurch 81
- 4.4 Ankommen in einer fremden Stadt – was nun? 81

5 | Das Abenteuer beginnt 83

- 5.1 Vorsicht Kulturschock! 83
- 5.2 Kiwi Slang 84
- 5.3 Dos & Don'ts: Neuseeländische Sitten und Gepflogenheiten 86
  - Bitte nicht! 88
  - Auf jeden Fall! 89
- 5.4 Geschäfte, Post, Supermärkte 90
- 5.5 Kommunikation: Internet, Handy und Telefonkarten 95
- 5.6 Konto eröffnen 99
- 5.7 Beantragung der IRD-Nummer 102
- 5.8 HANZ 18+ Card 103
- 5.9 Kontakte knüpfen 104
- 5.10 Informationen in Hülle und Fülle 106

6 | Arbeitssuche 108

- 6.1 Allgemeine Jobsituation 108
- 6.2 Typische Backpacker-Jobs 109

6.3 Fruit picking: Willkommen auf der Plantage! ... 112
    Streitpunkt Bezahlung 115
    Gut zu wissen 116
6.4 Wie finde ich einen Job? 117
6.5 Bewerbung und Vorstellungsgespräch 122
6.6 Freiwilligenarbeit und WWOOFing 125
    Richtig bewerben! 126

7 | Wo schlafen? Unterkünfte für Work-and-Travel-Reisende 131

7.1 Hostel / Backpacker 131
7.2 Wohnungssuche 136
7.3 Gastfamilie 139
7.4 Camping 139
7.5 Couchsurfing 143

8 | Herumreisen 147

8.1 Eigenes Auto – Tipps zum Autokauf 147
    Allgemeine Informationen zum Autofahren 157
    Am Ende der Reise – Autoverkauf 158
8.2 Auto mieten 160
8.3 Mitfahrgelegenheiten 163
8.4 Per Anhalter 164
8.5 Busreisen/Bus-Pässe 164
8.6 Bahn 167
8.7 Fähren 169
8.8 Inlandsflüge 171
8.9 Fahrrad 172
8.10 Wandern 173

9 | Tipps für den Backpackeralltag 176

9.1 Online Tagebuch – Blogging 176
9.2 Urlaubsfotos sichern 176
9.3 Bares sparen und Schnäppchen machen 178
9.4 Zehn Goldene Regeln 180
9.5 Abstecher in andere Länder 183

Ein sich entfaltender Silberfarn, auf Maori *koru*, ist ein bedeutendes Symbol der Maori-Kultur

10 | Zurück nach Hause 185

10.1 Vor der Abreise erledigen 185
10.2 Souvenirs und Mitbringsel 187
10.3 Diesmal andersrum – Eigenkultur-Schock 189
10.4 Wie geht's weiter? 190

Vorwort

Neuseeland – weiter weg geht's nun wirklich nicht. „Warum muss es gerade das andere Ende der Welt sein?", werden Eltern und Freunde fragen. Tja, warum eigentlich?

Nur, wer Neuseeland selbst erlebt und bereist hat, wird verstehen, warum es Jahr für Jahr Millionen Menschen auf die beiden Inseln zieht. Es ist die ursprüngliche und immer wieder abwechslungsreiche Natur, es sind die schier unendlichen Sport- und Freizeitmöglichkeiten, es ist der entspannte Lebensstil und es sind, nicht zuletzt, die freundlichen und offenen Einwohner selbst, die Neuseeland zu einem einzigartigen Reiseziel machen.

Den Inselstaat per Work & Travel zu erkunden, ist etwas ganz Besonderes. Frei und unabhängig kann man das Land durch Reisen und Arbeiten entdecken und Natur, Menschen und Kultur abseits der typischen Touristenpfade kennenlernen. Man sieht alles aus einem anderen Blickwinkel, der normalen Touristen vorenthalten ist.

Die Chance, Work & Travel in Neuseeland zu machen, hat man nur ein einziges Mal im Leben, denn öfter wird das Visum nicht ausgestellt. Damit der Aufenthalt zu einem Erfolg wird, will alles gut geplant sein. Dabei soll dieser Ratgeber helfen. Von der Entscheidungsfindung über die Vorbereitung mit allen nötigen Schritten und die Organisation von Flug, Visum und Versicherung bis zur Unterstützung vor Ort bei alltäglichen Dingen gibt dieses Buch Hilfe und Anregungen. Denn nichts ist schlimmer, als hinterher zu sagen: „Hätte ich das bloß vorher gewusst".

Trotz aller Ausführlichkeit ist es leider nicht möglich, auf alle speziellen Fälle und Fragen einzugehen, doch die Mehrzahl der Tipps und Informationen kommen von den Leuten, die es am besten wissen – den Backpackern selbst.

So gerüstet kann es dann losgehen – auf ins Work-and-Travel-

Drohgebärde und gleichzeitig Teil einer Maori-Begrüßungszeremonie, des *powhiri*

Abenteuer! Möge dieses Buch dabei ein treuer Begleiter sein, der bei Fragen und Problemen die richtigen Antworten und Denkanstöße parat hält.

Was auch immer passiert – wer interessiert ist und mit offenen Augen durch die Welt reist, dem steht jede Tür offen.

Viel Erfolg und eine unvergessliche Zeit wünscht

Anja Malek.

1 | Am Anfang ist es nur eine Idee…

1.1 Ist Work & Travel das Richtige für mich?

Einfach die Sachen packen und in die große weite Welt ziehen – davon träumen viele. Andere Orte sehen, interessante Leute kennenlernen, tolle Erfahrungen sammeln und unvergessliche Abenteuer erleben. Es gibt viele Möglichkeiten, ins Ausland zu gehen – Work & Travel ist eine davon und stellt eine Chance dar, die man sich nicht entgehen lassen sollte.

Work & Travel ist ein Ausstieg auf Zeit, bei dem man Reisen und Arbeiten kombinieren kann. Mit dem entsprechenden Visum in der Tasche können Backpacker bis zu zwölf Monate Neuseeland erkunden und nebenbei jobben, um die Reise zu finanzieren. Auf diese Weise lernen sie hautnah und intensiv die Kultur und den Alltag in einem anderen Land kennen, verbessern ihre Englischkenntnisse und schließen neue Freundschaften. Nach der Rückkehr sehen sie die Welt garantiert mit anderen Augen.

Work & Travel bringt viele Herausforderungen mit sich: Die Vorbereitung des Aufenthaltes, die Suche nach Jobs, die Planung von Aktivitäten, die Organisation der Rundreise –

Was entgegnet man Skeptikern?

Work & Travel ist keine vergeudete Zeit! – Argumente:
- Gewinn an Lebenserfahrung
- Positive Ergänzung für den Lebenslauf
- Erlernen wertvoller Eigenschaften wie Selbstständigkeit, Toleranz, Offenheit, Eigeninitiative, Kreativität und Flexibilität
- Erweiterung des Horizonts durch Entdecken einer fremden Kultur, Mentalität und Natur
- Verbessern der Englischkenntnisse

… und letztlich ist ein Jahr nur ein relativ kurzer Zeitraum, von dem man im besten Fall sein Leben lang zehren kann.

> **Entscheidungshilfe –
> Fragen, die man sich stellen sollte:**
> - Habe ich die finanziellen Mittel, um die Kosten für die Vorbereitung des Aufenthaltes zu decken (siehe Seite 19)?
> - Fühle ich mich reif genug und bin ich dazu bereit, weit weg von Eltern und Freunden auf eigenen Füßen zu stehen?
> - Gefällt mir der Gedanke, mich auf eine fremde Kultur und einen anderen Lebensstil einzulassen?
> - Traue ich mir zu, mich mit meinem Englisch in Neuseeland durchzuschlagen? (siehe Seite 70)
> - Kann ich mir vorstellen, meine Reise durch Jobben zu finanzieren?
> - Will ich mein Work & Travel selbst planen oder melde ich mich bei einer Organisation an? (siehe Seite 15)

das alles trainiert Selbstständigkeit, Toleranz, Offenheit und Improvisationsvermögen. Unterwegs lernt man sich selbst mit seinen Stärken und Schwächen ganz genau kennen. Eines ist gewiss: Wer sich für Work & Travel entscheidet, den erwartet ein riesengroßes Abenteuer.

1.2 Wann ist der richtige Zeitpunkt?

Erfahrungsgemäß nutzen die meisten Backpacker das Ende eines Lebens- oder Ausbildungsabschnittes, um zum Work & Travel aufzubrechen. Das kann nach der Schule, nach dem Studienabschluss, vor dem Beginn des ersten Arbeitsverhältnisses oder zwischen zwei Jobs sein. In solchen Momenten kommt oft das Gefühl auf, noch etwas anderes sehen und erleben zu wollen, bevor man sich in das nächste Lebenskapitel stürzt. Vom Fernweh gepackt, bricht man aus dem Alltagstrott aus und macht sich zu neuen Ufern auf.

Viele Work-and-Travel-Reisende beginnen mit ihrem Aufenthalt im europäischen Sommer oder Frühherbst, da es sie gleich nach dem Abitur in die weite Welt zieht. Andere bevorzugen die Zeit kurz vor oder nach Weihnachten als Starttermin, da sie dann vom deutschen Winter in den neuseeländischen Sommer fliegen können.

Beginnen kann man einen Work-and-Travel-Aufenthalt ohne Probleme das ganze Jahr über. Jedoch sollte man bei der Planung die Gegebenheiten in Neuseeland berücksichtigen, denn Faktoren wie Wetter, Jobsituation oder Jahreszeit haben unmittelbaren Einfluss auf die Arbeitssuche und Reiseroute.

Frühzeitig mit der Planung anfangen

Zwar kann man einen Work-and-Travel-Aufenthalt auch sehr kurzfristig organisieren, doch wesentlich entspannter ist es, wenn man sich für alle Schritte und Entscheidungen ausreichend Zeit nimmt. Etwa sechs bis acht Monate vorher ist ein guter Zeitpunkt.

QR CODE: Eine Checkliste hilft, bei allen Schritten den Überblick zu behalten (Pdf, 196 kb).

Ankommen & orientieren

Im September kommen die meisten Work-and-Travel-Reisenden in Neuseeland an. Da es zu dieser Zeit nur wenige Jobs gibt, ist es sinnvoll, erst mal in Ruhe anzukommen und sich Zeit zur Orientierung in der neuen Umgebung zu nehmen. Warum nicht ein wenig herumreisen und schauen, wo es einem gefällt? Unterwegs kann man Kontakte knüpfen und auf diese Weise stressfrei einen guten Job finden.

1.3 Work & Travel in Neuseeland

Für junge Menschen ist es eine einmalige Gelegenheit, mit dem Working-Holiday-Visum Neuseeland zu erkunden.

Beim Reisen lernt man die unterschiedlichen Facetten der Nord- und Südinsel kennen, trifft neue Leute und gewinnt Einblicke in eine fremde Kultur. Beim Jobben sammelt man Erfahrungen auf dem neuseeländischen Arbeitsmarkt, verdient Geld für die Reisekasse und verbessert seine Englischkenntnisse.

Neuseeland ist bestens auf Backpacker eingestellt. Jedes Jahr kommen tausende junge Leute aus der ganzen Welt zum Work & Travel in Auckland oder Christchurch an. Es gibt alles, was das Backpacker-Herz begehrt – günstige Unterkünfte, genügend Jobmöglichkeiten, jede Menge interessante Leute, herzliche Einheimische, eine unglaublich faszinierende Natur und unbegrenzte Optionen für Aktivitäten.

Inzwischen ist Neuseeland in vielen Bereichen auf die Hilfe von Backpackern angewiesen. Vor allem in der Erntezeit und in der Hauptsaison würde es auf Farmen und Weingütern bzw. in Hotels und Restaurants gar nicht ohne die fleißigen Hände von Reisenden aus aller Welt gehen. Die Jobaussichten sind gut!

> **Unsicherheit und Sorgen ade!**
> Zweifel und Bedenken sind bei der Planung und unterwegs ganz normal. Was ist, wenn ich keinen Job finde? Was mache ich, wenn ich niemanden kennenlerne? Was passiert, wenn das Geld alle ist? Welche Probleme auch immer auftauchen, niemand muss sich Sorgen machen, damit allein dazustehen. Man trifft in Neuseeland garantiert immer und überall jemanden, der weiterhilft oder einfach nur zuhört.

1.4 Mit einer Organisation reisen oder alles selbst planen?

Soll ich eine Organisation zu Hilfe nehmen oder den gesamten Aufenthalt selbst planen? Diese Frage stellen sich am Anfang die meisten Work-and-Travel-Reisenden. Leider gibt es hierauf keine pauschale Antwort.

Seit das Working-Holiday-Visum eingeführt wurde, bieten diverse Organisationen ihre Dienste an. Die Leistungen sind

QR-Code:
Liste von Organisationen

ähnlich: Die Agenturen versprechen Unterstützung bei der Beantragung des Visums und der Steuernummer, stehen bei Fragen rund um den Aufenthalt mit Rat und Tat zur Seite, übernehmen die Buchung von Flügen und Versicherungen, laden zu Vorbereitungskursen ein, leisten Hilfe bei der Jobsuche (es gibt keine Jobgarantie!) und noch Vieles mehr.

Dieser Service hat natürlich seinen Preis. Doch wer unsicher ist, was die Planung angeht, und lieber professionelle Unterstützung haben möchte, oder keine Zeit und Lust hat, sich um alles zu kümmern, der ist gut beraten, ein Work-and-Travel-Paket zu buchen. Für viele mag der Gedanke, sich allein auf den weiten Weg nach Neuseeland zu machen, auch ein wenig beängstigend sein. Da ist es beruhigend zu wissen, dass man mit anderen Leuten fliegt, die dasselbe Ziel haben. In den ersten Tagen wird man an die Hand genommen, wenn es um Dinge wie Kontoeröffnung, den Kauf einer Telefonkarte oder die Beantragung der Steuernummer geht, und man wird in einem Einführungskurs auf den Aufenthalt vorbereitet. Es kann nichts schief gehen. Und wenn doch, dann hat man einen Ansprechpartner vor Ort.

Wer sich zutraut, alle nötigen Schritte selbst zu erledigen, kann sein Work-and-Travel-Abenteuer aber auch problemlos in Eigenregie organisieren. Ein dicker Pluspunkt ist, dass man so flexibler ist, wenn es um die Planung der Reise geht. Während es bei den Or-

> **Sicherheit in Neuseeland**
>
> Neuseeland ist eine sehr sichere Reisedestination. Das Land ist politisch stabil und hat eine niedrige Kriminalitätsrate. Allerdings sollte man auch in Neuseeland nicht leichtsinnig sein und die üblichen Sicherheitsregeln beachten, also z. B.:
> - Nachts nicht allein durch dunkle und menschenleere Straßen gehen.
> - Keine großen Bargeldbeträge oder auffällige Wertsachen z. B. Schmuck mit sich herumtragen.
> - Am Geldautomaten die Eingabe der PIN vor neugierigen Blicken schützen.
> - In Bars und Nachtklubs keine Getränke von Fremden annehmen und das eigene Glas nicht unbeaufsichtigt lassen (Drogen könnten hineingekippt werden).
> - Keine Wertsachen sichtbar im Auto liegen lassen. Beim Parken alle Türen verriegeln.

Abenteuer pur: In Neuseeland kann man was erleben

ganisationen oft feste Abflugtermine gibt, kann man selbst entscheiden, wann man fliegen möchte und ob man unterwegs Zwischenstopps einlegen will. Zudem stärkt es ohne Zweifel enorm das Selbstbewusstsein, wenn man sagen kann, dass man seinen Work-and-Travel-Aufenthalt von Anfang bis Ende allein organisiert hat. Man sollte sich aber bewusst sein, dass diese Aufgabe viel Eigeninitiative, Zeit und Selbstständigkeit erfordert! Wer davor nicht zurückschreckt, kann auf jeden Fall einige Euro sparen und darf hinterher stolz auf sich sein.

Seit einiger Zeit gibt es auch den goldenen Mittelweg: Sogenannte Willkommens- oder Basispakete (auch Starter-Paket bzw. „Starter Package" oder Einführungstage bzw. „Introduction Days") werden für diejenigen angeboten, die nicht den kompletten Service einer Organisation brauchen, aber gern einige Dinge den Profis überlassen wollen. Reisebüros, Organisationen, erfahrene Backpacker oder auch ehemalige Work-and-Travel-Reisende, die inzwischen nach Neuseeland ausgewandert sind, bieten den Neulingen ihre Dienste an. Die Leistungen variieren von Anbieter zu Anbieter, genauso wie die Preise, die zwischen 100 und 500 EUR liegen können. Ein genauer Vergleich der Preise und Leistungen lohnt sich also auf jeden Fall! Wem der Gedanke gefällt, am Flughafen abgeholt zu werden und für die ersten Tage einen persönlichen Ansprechpartner zu haben, für den ist dies die ideale Lösung.

Bei allen Optionen ist eines wichtig: Wie auch immer man sich entscheidet, für einen selbst ist es die richtige Lösung! Hinterher weiß man immer alles besser, aber nur, wer zu seiner Entscheidung steht und sich nicht darüber ärgert, kann seine Zeit genießen. Und nur darauf kommt es an!

1.5 Allein, zu zweit oder in der Gruppe reisen?

Für viele ist der Gedanke, ganz allein so weit von zu Hause weg zu sein, ziemlich beängstigend. Ist es da nicht einfacher, den Neuseeland-Aufenthalt von vornherein gemeinsam mit einem Freund oder mit dem Partner zu planen? Ja und nein.

Wer allein reist, kann sich voll und ganz auf sich selbst konzentrieren und sein Ding durchziehen, ohne Kompromisse eingehen oder auf jemanden Rücksicht nehmen zu müssen. Allein reisen ist Freiheit pur. Es fällt leichter, auf fremde Menschen zuzugehen, da man meist automatisch verstärkt den Kontakt zu anderen sucht. Man trifft seine eigenen Entscheidungen und hinterher ist man natürlich stolz, es geschafft zu haben.

Es ist übrigens nicht ungewöhnlich, allein in Neuseeland herumzureisen. Viele Backpacker sind zunächst ohne Anhang unterwegs. Doch niemand muss befürchten, allein zu bleiben! Im Hostel,

> **ⓘ Als Frau allein reisen?**
> Neuseeland ist ein sicheres Reiseziel. Als alleinreisende Frau braucht man keine Angst zu haben. Trotzdem sollte Frau unterwegs ihren gesunden Menschenverstand nutzen! Was man zu Hause nicht machen würde, sollte man auch in Neuseeland sein lassen. Dinge wie z. B. allein per Anhalter zu fahren oder nachts in zwielichtigen Gegenden betrunken durch die Stadt zu laufen, können gefährlich sein und sollten besser vermieden werden.

bei der Arbeit, während der Busfahrt – überall trifft man andere Reisende. Ins Gespräch zu kommen ist kinderleicht, schließlich hat man mindestens ein gemeinsames Interesse – Work & Travel in Neuseeland. Und, wer weiß, vielleicht wird aus einer zufälligen Begegnung eine nette Reisebegleitung.

Sicher sind manche Dinge bequemer und leichter, wenn man einen oder mehrere Begleiter hat. Man ist nie allein und teilt alles – Zimmer, Essen, Bekanntschaften, Ausflüge und Erfahrungen. Es wird gemeinsam entschieden, aber oft wird man dadurch Kompromisse eingehen müssen. Für eine Freundschaft bzw. eine Beziehung kann das unter Umständen eine harte Belastungsprobe sein. Andererseits: Wenn alles gut klappt, schweißt einen so eine Erfahrung nur noch mehr zusammen.

Wenn man beschließt, das Work-and-Travel-Abenteuer zu zweit zu wagen, sollte man vorher offen und ehrlich über die jeweiligen Erwartungen und Ziele sprechen. Gut ist ein Plan B für den Ernstfall – falls es gar nicht klappt und es unterwegs nur Streit und Stress gibt, sollte man die Zweisamkeit nicht erzwingen, sondern stattdessen lieber getrennter Wege weiterziehen.

> **Preisniveau in Neuseeland**
> Die Lebensmittelpreise in Neuseeland sind in etwa mit denen in Deutschland vergleichbar. Ausnahmen sind Milchprodukte, Hygiene-Artikel und Alkoholika, die in Neuseeland teurer sind. Generell sind die Preise in größeren Städten niedriger als in Geschäften in ländlichen Regionen. Dies gilt auch für die Benzinpreise, die außerhalb der größeren Städte um einiges höher sind.

1.6 Kann ich mir Work & Travel überhaupt leisten?

Ja, das liebe Geld… Wer einen Work-and-Travel-Aufenthalt plant, muss natürlich auch die finanzielle Seite der Reise im Auge behalten. Doch auf die Frage „Was kostet Work & Travel in Neuseeland?" eine pauschale Antwort zu geben, ist leider nicht so einfach.

Wie viel Geld man letztendlich ausgibt, hängt von verschiedenen Faktoren ab. Jeder hat einen anderen Reisestil und eigene Vorstellungen davon, was er sehen und erleben möchte. Jeder hat unterschiedliche Ansprüche, was Komfort angeht, und individuelle Bedürfnisse in Bezug auf Essen, Trinken und Aktivitäten vor Ort.

Die folgende Übersicht ist ein Leitfaden, welche Kosten auf Work-and-Travel-Reisende zukommen.

Kosten, die einmalig anfallen:
- Visum: 105 EUR (Stand Mai 2013)
- Flug: circa 1.100 – 1.500 EUR (je nach Reisezeit, Fluggesellschaft und Route)
- Versicherung: ab 30 EUR pro Monat (abhängig vom Versicherungsunternehmen und vom Umfang des gewählten Versicherungsschutzes)
- Work-and-Travel-Programm: Wer mit einer Organisation nach Neuseeland reist, muss diese Kosten mit auf die Liste setzen. Die Programmpreise sind von Anbieter zu Anbieter unterschiedlich. In den meisten Fällen ist auch der Flug im Paketpreis enthalten.
- Ausgaben für Ausrüstungsgegenstände, die für die Reise gekauft werden müssen, wie z. B. Wanderschuhe, Rucksack, Regenjacke oder Schlafsack.

Kosten, die während der Reise anfallen:
- Unterkunft
- Verpflegung
- Transport
- Aktivitäten/Ausflüge/Eintrittsgelder
- Sonstige Ausgaben z. B. für Handy, Internet, Porto, Souvenirs etc.

Wer pro Tag circa 50 – 60 NZD für Unterkunft (im Mehrbettzimmer) und Verpflegung (Selbstversorgung) einplant, hat einen guten Richtwert. Hinzu kommen dann noch die Kosten für das Herumreisen und für diverse Touren oder Aktivitäten, die man ausprobieren möchte, sowie für sonstige Kleinigkeiten.

Laut den Visumsbestimmungen müssen Working-Holiday-Reisende bei der Einreise finanzielle Mittel in Höhe von 4.200 NZD vorweisen. Auch diese Summe muss bei der Kalkulation berücksichtigt werden. Das Geld ist ein gutes Polster für die erste Zeit, wenn man erst mal ankommen will und sich nicht gleich in die Arbeitssuche stürzen möchte. Jedoch sollte man sich nicht zu lange darauf ausruhen!

Spendenaktion

Wer Eltern, Verwandten und Freunden begeistert von seiner Reise erzählt, kann vielleicht den einen oder anderen davon überzeugen, das Neuseeland-Projekt finanziell zu unterstützen. Eine gute Idee ist es, für etwas ganz Bestimmtes um Geld zu bitten oder es selbst zu sparen – z. B. für den neuen Rucksack, den Bungee-Sprung oder das eigene Auto.

Das Sparschwein füllen

Wer vorher schon überlegt, was er unbedingt in Neuseeland erleben möchte, kann gezielt z. B. für einen Sky Dive oder eine Whale-Watching-Tour sparen!

Die eiserne Reserve

Es ist eine gute Idee, vor der Abreise ein wenig Geld zur Seite zu legen, das wirklich nur für Notfälle bestimmt ist. Dieses sollte auf einem Extrakonto liegen, auf das man jedoch jederzeit Zugriff hat. Wenn das Geld knapp wird, kann man von dieser eisernen Reserve (etwa 500 EUR reichen hier schon aus) einige Wochen lang leben.

2 | Neuseeland – Eine kurze Einführung

2.1 Geschichte

Neuseeland ist das am spätesten besiedelte Land der Erde: Wohl erst gegen Ende des 13. Jahrhunderts kamen die Vorfahren der Maori in Kanus aus Polynesien auf die Inseln. Sie gaben Neuseeland den Namen Aotearoa – „das Land der langen weißen Wolke".

Im Jahr 1642 entdeckte der Niederländer Abel Tasman als erster Europäer Neuseeland. Der Empfang durch die Maori war allerdings alles andere als freundlich, und so setzte der Seefahrer selbst nie einen Fuß an Land. Der englische Kapitän James

Cook legte im Jahr 1769 in Neuseeland an und kartografierte die Nord- und Südinsel. Dank der Hilfe eines Dolmetschers gestalteten sich Cooks Kontakte mit den Maori höflicher und er konnte die Lebensweise der Ureinwohner erforschen.

Wenig später kamen Robben- und Walfänger, Missionare und Händler, aber auch Sträflinge und Gauner nach Neuseeland, um dort ihr Glück zu versuchen. Doch ohne rechtliche Grundlagen war das Leben in den ersten Siedlungen rau und brutal, es kam immer wieder zu Auseinandersetzungen.

William Hobson wurde 1837 als Gesandter der britischen Krone nach Neuseeland geschickt, um für Ordnung zu sorgen. Er handelte mit den Maori-Häuptlingen einen Vertrag aus, der als Gründungsdokument von Neuseeland gilt: Der Treaty of Waitangi wurde am 6. Februar 1840 unterzeichnet. Mit diesem Abkommen wurde in Neuseeland offiziell die britische Gesetzgebung eingeführt. Gleichzeitig sicherte der Vertrag den Maori Schutz zu sowie die Garantie, dass sie ihre Besitztümer behalten konnten. Im Gegenzug mussten sie

> **i Geschichte Neuseelands**
> Ausführliche Informationen zur Geschichte Neuseelands unter **www.nzhistory.net.nz**

ihre Souveränität aufgeben und die britische Krone als Autorität anerkennen.

Die erhoffte Ruhe kehrte jedoch nicht ein. Immer wieder gerieten Maori und Europäer in blutigen Kriegen aneinander und auch die Maori untereinander lieferten sich erbitterte Kämpfe. Trotzdem kamen immer mehr Siedler nach Neuseeland und viele neue Städte wurden gegründet. 1841 wurde Auckland zur Hauptstadt ernannt.

Wegen umstrittener Landnahmen kam es von 1843 bis 1846 und von 1856 bis 1865 zu zwei großen Kriegen zwischen den Maori und den Engländern. Gegen Ende des 19. Jahrhunderts beruhigte sich die Situation.

Ab 1860 setzte mit dem Goldrausch langsam ein Wirtschaftsaufschwung ein, der immer mehr Siedler ins Land brachte.

James Cook (1728-1779) nahm Neuseeland für die britische Krone in Besitz, Gemälde von Nathaniel Dance

Parallel dazu wurde die Landwirtschaft ausgebaut und Neuseeland entwickelte sich zu einem bedeutenden Exporteur von Wolle, Schaf- und Rindfleisch. 1865 löste Wellington Auckland als Hauptstadt ab.

1907 trat Neuseeland dem Commonwealth bei und erhielt den Status als Dominion, was bedeutete, dass das Land von nun an in inneren Angelegenheiten eigenständig entscheiden konnte. Im Ersten und Zweiten Weltkrieg unterstützte Neuseeland als treuer Bündnispartner Großbritannien. 1931 wurde Neuseeland von Großbritannien die Autonomie zugestanden und 1947 folgte die formale Unabhängigkeitserklärung.

Neuseelands jüngere Geschichte ist geprägt von längeren Rezessionsphasen, verursacht durch die Weltwirtschaftskrise und das Wegbrechen von Absatzmärkten, aber auch einer

Rückbesinnung auf die Maori-Kultur. So wurde 1975 das Waitangi-Tribunal einberufen. Diese Institution prüft Klagen der Maori zu Rechtsverstößen aus dem Treaty of Waitangi.

In den letzten Jahrzehnten hat sich Neuseeland vor allem auf die Landwirtschaft und den Export von Produkten wie Wolle, Holz und Obst konzentriert. Ein wichtiges zweites Standbein ist der Tourismus: Jährlich kommen circa 2,5 Millionen Menschen ans „andere Ende der Welt".

2.2 Geografie

Neuseeland liegt geografisch isoliert im Südpazifik. Die nächstgelegenen Nachbarn sind Australien (2.000 km), Tonga (2.000 km), Fidschi (2.100 km) und Samoa (2.900 km).

Neuseeland ist etwa so groß wie Italien oder Großbritannien. Jedoch ist das Land deutlich dünner besiedelt, nur 4,4 Millionen Menschen leben auf der Nord- und Südinsel. Die Inseln erstrecken sich auf einer Länge von 1.600 km. Egal, wo man sich aufhält, man ist nie weiter als 128 km vom Meer entfernt. Nord- und Südinsel sind von der 23 km breiten Cookstraße (Cook Strait) getrennt.

Die rund 115.000 km² große Nordinsel ist zwar kleiner als die Südinsel, jedoch deutlich dichter besiedelt – drei Viertel der Einwohner Neuseelands leben hier. Typisch für die Nordinsel sind schroffe Vulkanlandschaften, thermale Quellen und Geysire, eine lebendige Maori-Kultur und herrliche Strandkulissen. Die größten Städte des Landes befinden sich ebenfalls auf der Nordinsel – Auckland und Wellington.

> **Neuseeland ganz kurz**
> - Fläche: circa 269.000 km²
> - Einwohnerzahl: circa 4,4 Millionen
> - Bevölkerungsdichte: 16,4 Einwohner pro km²
> - Hauptstadt: Wellington
> - Größte Stadt: Auckland
> - Sprachen: Englisch, Maori
> - Küstenlinie: circa 15.000 km
> - Staatsform: parlamentarische Monarchie
> - Nationalfeiertag: 6. Februar

Neuseeland – eine kurze Einführung

Drei aktive Vulkane der Nordinsel: Ruapehu mit Schneekappe, Ngauruhoe (mitte) und Tongariro

Auf der Südinsel, die 151.000 km² groß ist, gibt es ursprüngliche Regenwälder, alpine Landschaften mit Gletschern, wilde Strände und malerische Fjorde. Hier erstrecken sich die Southern Alps, eine Kette grandioser Berge, die teilweise bis zu fast 4.000 m in die Höhe ragen. Christchurch und Dunedin sind die größten Städte. Ganz im Süden schließt sich Stewart Island an, eine Insel, die vom *Department of Conservation* zum Naturschutzgebiet erklärt wurde.

Vulkane und Erdbeben

In Neuseeland ist unter der Erdoberfläche einiges los. Da der Inselstaat auf zwei verschiedenen tektonischen Platten (Australische und Pazifische Platte) liegt, die sich stetig verschieben, kommt es häufig zu Erdbeben. Etwa 20.000 werden jedes Jahr registriert, nur wenige davon sind spürbar. Einige haben jedoch verheerende Folgen, wie die Erdbeben in Christchurch am 4. September 2010 und

Neuseelands Superlative
- Höchster Berg: Mount Cook / Aoraki, 3.754 m
- Längster Fluss: Waikato River, 425 km
- Größter Gletscher: Tasman Glacier, 29 km
- Höchster Vulkan: Mount Ruapehu, 2.797 m
- Größter See: Lake Taupo, 606 km²
- Größte heiße Quelle: Frying Pan Lake, 200°C, 38.000 m²

am 22. Februar 2011, die schwere Zerstörungen und im zweiten Fall auch 185 Todesopfer hinterließen.

Auf der Nordinsel befinden sich einige der aktivsten Vulkane der Erde. Hierzu zählen der Mount Tongariro, der Mount Ruapehu und der Mount Ngauruhoe im Tongariro-Nationalpark sowie der Mount Egmont im Westen der Nordinsel. Auckland wurde auf zahlreichen schlummernden Vulkanen erbaut, was der Stadt ihren hügeligen Charakter verleiht. Der Lake Taupo entstand nach einem gigantischen Vulkanausbruch im Jahr 186 nach Christus, als sich der Krater mit Wasser füllte.

2.3 Zeitunterschied

Je nachdem, ob in Europa und Neuseeland gerade Sommer- oder Winterzeit ist, beträgt der Zeitunterschied zwischen zehn und zwölf Stunden. Neuseeland ist Deutschland zeitlich voraus – wenn die Menschen in Deutschland aufstehen, ist der Tag in Neuseeland fast vorüber, und wenn die Deutschen Abendbrot essen, stehen die Kiwis schon wieder auf.

Die Zeitverschiebung beträgt
- von April bis September: 10 Stunden
- im Oktober und Ende März/Anfang April: 11 Stunden (nur wenige Wochen bzw. Tage)
- von November bis März: 12 Stunden

Die genauen Daten zur Umstellung der Uhren gibt es unter www.dia.govt.nz/Daylight-Saving-Dates (für Neuseeland) bzw. www.zeitumstellung.de/zeitumstellung-historisch-archiv.html (für Deutschland).

2.4 Klima und Wetter

Da Neuseeland auf der Südhalbkugel liegt, ist es Winter, wenn die Menschen in Europa bei sommerlichen Temperaturen schwitzen, und wenn dort der Schnee alles weiß eindeckt, ist bei den Kiwis Sommer und Grill-Saison.

Neuseeland ist das einzige Land der Welt, das jede Klimazone umfasst. Die wärmsten Monate sind Januar und Februar mit Temperaturen zwischen 20° und 26°C; im Juli und August ist es mit 7° bis 15°C am kältesten. Grundsätzlich sind die Temperaturen auf der Nordinsel höher als auf der Südinsel.

Wer auf den Globus schaut, sieht, dass Neuseeland zwischen der eisigen Antarktis im Süden und der tropischen Südsee im Norden liegt und daher verschiedensten Wettereinflüssen ausgesetzt ist. Größtenteils herrscht gemäßigtes Klima, was Neuseeland ganzjährig angenehme Temperaturen

Die Jahreszeiten in Neuseeland	
Frühling: September – Dezember	• Angenehme Temperaturen, in höheren Lagen ist noch Schnee • Wenige Reisende unterwegs • Erwachen der Natur mit Pflanzenblüte und Brutzeit
Sommer: Dezember – Februar	• Warmes Wetter, geringe Niederschlagsmengen • Hochsaison mit Reisenden aus aller Welt • Große Sommerferien, daher auch beliebteste Reisezeit der Neuseeländer • Empfehlung: Unterkünfte und Aktivitäten im Voraus buchen • Allgemein höhere Preise für Unterkünfte, Mietwagen und Aktivitäten
Herbst: März – Juni	• Durchwachsenes Wetter: angenehm warme Tage, kühle Nächte • Relativ wenige Reisende unterwegs • Preise für Unterkünfte, Mietwagen und Aktivitäten sinken
Winter: Juli – August	• Kühle Temperaturen, je weiter südlich, desto kälter • Hochsaison für Skigebiete in Queenstown, Wanaka, Ohakune • Einige Unterkünfte sind geschlossen • Nicht alle Aktivitäten haben geöffnet, z. B. sind einige Great Walks geschlossen • Sonderpreise für Unterkünfte, Mietwagen und Aktivitäten

beschert und es zu jeder Jahreszeit zu einem guten Reiseziel macht.

Neuseeland erstreckt sich zwischen dem 34. und 47. Breitengrad und liegt somit mitten in den stürmischen Roaring Forties. Diese „Brüllenden Vierziger" sind Winde aus westlicher Richtung, die von einer leichten Sommerbrise bis zu peitschenden Stürmen alles mit sich bringen können.

Mit durchschnittlich über 2.000 Sonnenstunden pro Jahr ist Neuseeland ein sehr sonniges Land. Die sonnenreichsten Gegenden sind Bay of Plenty, Nelson/Marlborough, Northland und Hawke's Bay mit über 2.350 Sonnenstunden.

„Slip, Slop, Slap and Wrap"

Dieser Slogan soll vor allem im Sommer an die wichtigsten Regeln erinnern, wenn man sich in der Sonne aufhält:
- **Slip** into a shirt and some shade – Haut bedeckende Kleidung tragen und möglichst im Schatten aufhalten
- **Slop** on some SPF 30+ sunscreen – Sonnencreme mit hohem Lichtschutzfaktor auftragen
- **Slap** on a hat – Kopfbedeckung tragen
- **Wrap** on a pair of sunglasses – Sonnenbrille aufsetzen

Diese Regeln gelten auch, wenn Wolken am Himmel sind! Die UV-Strahlung ist dann zwar schwächer, kann aber immer noch Sonnenbrand verursachen.

QR CODE: Die neuseeländische Organisation Sunsmart hat eine Übersicht mit Regeln und Tipps zusammengestellt, wie man sich vor Sonnenbrand schützen kann. (Pdf, 1,8 MB)

Wetterbericht und *Sun Protection Alert*

Eine verlässliche Quelle für Wettervorhersagen ist **www.metservice.com**, wo man alle Daten zum Wetter, zu den Gezeiten und zu Sonnenauf- und -untergängen für jede Region checken kann. Hier gibt's im Sommer auch den täglichen *Sun Protection Alert* mit Angaben zur UV-Strahlen-Intensität.

Ein Viertel Neuseelands ist mit ursprünglichem Regenwald bedeckt

Das Wetter in Neuseeland kann sehr schnell umschlagen und von einem Extrem ins andere kippen. Gerade auf Wanderungen ist es nicht ungewöhnlich, dass man bei herrlichstem Sonnenschein die Berge erklimmt und sich wenig später vor kalten Stürmen und heftigen Regengüssen in Sicherheit bringen muss.

2.5 Natur und Tiere

Seit sich das heutige Neuseeland vor 80 bis 100 Millionen Jahren von der gemeinsam mit Australien und der Antarktis gebildeten Landmasse abtrennte, die sich etwa 45 Millionen Jahre zuvor vom Urkontinent Gondwana gelöst hatte, konnte sich auf den beiden Hauptinseln und den dazugehörigen über 700 kleinen Inseln eine ganz eigene Pflanzen- und Tierwelt entwickeln.

Neuseelands Landschaft ist abwechslungsreich und einzigartig. Innerhalb kürzester Zeit reist man durch steiles Gebirge, flaches Land und dichte Regenwälder, vorbei an impo-

Neuseelands Nationalparks

Neuseeland hat 14 Nationalparks, fünf davon wurden aufgrund ihrer Einzigartigkeit zum Weltnaturerbe der UNESCO erklärt. Der Tongariro-Nationalpark auf der Nordinsel ist wegen seiner 23 Maori-Kultstätten gleichzeitig auch Weltkulturerbe der UNESCO. Die Parks werden vom *Department of Conservation* (DOC) unterhalten.

santen Vulkanen, malerischen Seen und blubbernden heißen Quellen und entlang majestätischer Gletscher, traumhafter Wasserfälle und faszinierender Fjorde.

Bevor die Menschen Neuseeland besiedelten, waren 80 % der Landflächen mit Wäldern bedeckt. Der Baumbestand verringerte sich schnell, weil Holz als Baumaterial und Exportprodukt verwendet wurde und Wälder Farmland weichen mussten. Heute bedecken die einheimischen Wälder nur noch 24 % des Landes. Typisch für neuseeländische Wälder sind Baumfarne (der bekannteste ist der Silberfarn mit seiner silbrig glänzenden Unterseite), Moose, Schlingpflanzen und Flechten. Besondere Bäume sind der Kauri, der Pohutukawa (auch als neuseeländischer Weihnachtsbaum bekannt), die Nikau-Palme und der zu den Keulenlilien gehörende Cabbage Tree.

Kauri-Bäume – Giganten des Waldes

Der immergrüne, heute unter Naturschutz stehende Kauri ist Neuseelands größte Baumart und offizieller Nationalbaum. Kauri-Bäume wachsen vor allem im nördlichen Teil der Nordinsel. Als größtes lebendes Exemplar gilt mit einem Umfang von 13,8 Metern und einer Höhe von 51,5 Metern ein Kauri im Waipoua Forest. Das Alter dieses von den Maori als Tane Mahuta (benannt nach dem Waldgott Tane) verehrten Baums wird auf über 2.000 Jahre geschätzt. Einige Gehminuten weiter steht Te Matua Ngahere, der „Vater des Waldes", der mit 2.000 bis 3.000 Jahren als ältester Kauri-Baum gilt.

Der Kiwi – hier der Great Spotted Kiwi – ist das Nationalsymbol des Landes

Eine ganz besondere Tierwelt

Manch einer mag die Tierwelt Neuseelands ein bisschen langweilig finden, denn große Wildtiere, exotische Kriechtiere oder spektakulär bunte Insekten gibt es nicht. Dafür bieten die Inseln eine artenreiche Vogelwelt und eine Reihe besonderer Tiere, die nur in Neuseeland vorkommen. Hierzu zählen etwa der Kiwi, der Kea, der Kakapo (der seltenste und einzige flugunfähige Papagei der Welt), die einem Huhn ähnelnde, ebenfalls flugunfähige Weka-Ralle, die Weta-Langfühlerschrecken, von denen einige Arten zu den größten Insekten der Welt zählen, der Gelbaugenpinguin (einer der weltweit seltensten Pinguine), die Hector- und Maui-Delfine (die kleinsten Delfinarten der Welt, die leider vor allem durch Schleppnetzfischerei akut vom Aussterben bedroht sind) oder die als „lebendes Fossil" geltende Brückenechse, der Tuatara.

Neuseelands Tierwelt kann man vielerorts zum Greifen nah bestaunen – in freier Wildbahn auf Wanderungen, auf einer Wal-Beobachtungstour, beim Schwimmen mit Delfinen oder während eines Besuchs im Kiwi-Haus, – einem

Naturgehege, in dem die in freier Natur meist unsichtbaren Kiwis beobachtet werden können. Gefährliche Tiere gibt es in Neuseeland praktisch nicht. Es kommen lediglich drei giftige Spinnenarten vor, von denen zwei, die Rote Katipo und die Rotrückenspinne (beide haben einen auffälligen roten Streifen bzw. Fleck auf dem Rücken),extrem selten sind. Etwas häufiger sieht man die White-tailed Spider, die ihren Namen ihrem weißen Hinterteil verdankt. Ihr Biss kann unangenehm schmerzhaft sein und zu Schwellungen führen, ist aber in der Regel nicht lebensgefährlich.

Kiwi – die National-Ikone

Der Kiwi ist *der* Vogel Neuseelands schlechthin. Er ist nachtaktiv und extrem scheu. Bei der Nahrungssuche stochert der Kiwi mit seinem langen Schnabel, an dessen Ende sich die Nasenlöcher befinden, in der Erde. Sein Gefieder ist braun und wirkt pelzartig. Sein Name stammt wie viele andere Tier- und Pflanzennamen von den Maori, die ihn vermutlich nach seinem Ruf Kiiwii nannten. Seine Flugunfähigkeit macht den Kiwi für die von den Europäern eingeführten Hunde, Katzen oder Wiesel zu einer leichten Beute. Um ihn vor dem Aussterben zu bewahren, wurden daher Schutzprogramme eingerichtet.

Kea – der freche Bergpapagei

Der Bergpapagei, den man vor allem im Gebirge auf der Südinsel trifft, ist ein frecher Zeitgenosse. Der grün-braun gefiederte Kea hat keine Scheu vor Menschen und liebt es, den Besuchern Essen zu stibitzen. Sehr gern knabbert er auch an den Gummidichtungen von Windschutzscheiben und Türen von Autos und verschmäht auch Scheibenwischer nicht. Für seine Zutraulichkeit sind vor allem Touristen verantwortlich, die die Vögel mit Leckereien anlocken. Offiziell ist das Füttern daher streng verboten.

Neben europäischen Haus- und Nutztieren wie Hunden, Katzen, Schafen und Rindern sind auch viele andere Tiere wie Rotwild, Emus, Strauße und Lamas von den Einwanderern in Neuseeland eingeführt worden. Einige der beabsichtigt oder unbeabsichtigt auf die Inseln mitgebrachten Tierarten gelten heute als Schädlinge (*pest*), die die einheimische Pflanzen- und Tierwelt bedrohen. Dazu gehören z. B. Hasen, Possums, Ziegen, Wiesel, Ratten und Igel.

Der Kea – Neuseelands frecher Bergpapagei

Possum – Staatsfeind Nr. 1

Das aus Australien eingeschleppte Possum (*common brushtail possum* oder Fuchskusu, nicht zu verwechseln mit der in Südamerika vorkommenden Beutelrattenfamilie der Opossums) ist eine riesige Plage. Ursprünglich wegen ihres Pelzes gezüchtet, wurden die Tiere aufgrund abnehmender Nachfrage gedankenlos in die freie Wildbahn entlassen. Da sie in Neuseeland keine natürlichen Feinde hatten, konnten sie sich massenhaft vermehren. Es wird geschätzt, dass heutzutage circa 30 bis 60 Millionen Possums in Neuseeland leben. Unbeliebt sind die Tiere deshalb, weil sie die Vegetation ganzer Landstriche kahl fressen und eine Schwäche für Vogeleier und -küken haben. Touristen werden Possums meistens überfahren auf der Straße liegen sehen.

Sandflies – Blutrünstige Plagegeister

Sandflies sind Neuseelands Touristenschreck – es gibt sie überall, weniger in den Städten, definitiv in Massen an der Westküste der Südinsel und generell in der Nähe von Gewässern.

Die kleinen zu den Kriebelmücken gehörenden Blutsauger sehen aus wie Fruchtfliegen. Ihr Biss verursacht einen un-

Das Possum ist zwar niedlich anzusehen, richtet aber leider großen Schaden an

angenehm starken Juckreiz. Im Allgemeinen beißen (übrigens nur die weiblichen!) Sandflies tagsüber, bei Einbruch der Dunkelheit sind sie verschwunden. Auch Wind und Regen mögen sie nicht.

Auf Wanderungen kann man sich vor den Bissen der Sandflies schützen, indem man lange, die Haut bedeckende Kleidung trägt und möglichst wenig Angriffsfläche bietet. Es hilft auch, sich zu bewegen, denn die Biester sind langsam und stürzen sich auf ihre Opfer, wenn diese eine Bewegungspause einlegen.

In Neuseeland gibt es Insektenschutzmittel (teilweise auch auf pflanzlicher Basis ohne DEET), die die Sandflies mehr oder weniger erfolgreich abwehren. Mittel aus Deutschland helfen meistens nicht so effektiv.

Der beste Tipp gegen den Juckreiz: Nicht kratzen, auch wenn das verdammt schwer fällt! Kratzen macht das Jucken nur schlimmer und kann außerdem zu Entzündungen führen. Gel-Salben mit kühlender Wirkung oder Teebaumöl können den Juckreiz lindern.

2.6 Die Neuseeländer

Über 4,4 Millionen Menschen leben in Neuseeland. Davon wohnen 25 % in Auckland. Die Bevölkerung ist ein bunter Nationalitäten-Mix – circa 69 % haben europäische Wurzeln, etwa 14,6 % sind Maori, circa 9,6 % kommen aus Asien und etwa 6,9 % sind Einwanderer von den pazifischen Inseln.

Wer nach Neuseeland kommt, wird schnell merken, dass das Leben dort anders verläuft. Die Menschen sind sehr entspannt, freundlich und offen. Der Alltag ist easy going – Stress und Hektik werden möglichst vermieden, Ruhe und Gelassenheit sind an der Tagesordnung.

Die Neuseeländer sind bekannt dafür, dass sie sehr hilfsbereit sind. Wer mit einem Stadtplan an einer Kreuzung steht oder mit einem platten Autoreifen am Straßenrand wartet, wird schnell den Satz „Can I help you?" hören. Andersherum müssen Reisende sich nicht scheuen, Einheimische anzusprechen und um Hilfe zu bitten. In den seltensten Fällen wird man dabei auf Ablehnung stoßen. Oft sind solche zufälligen Begegnungen sogar sehr hilfreich – man kommt ins Gespräch, erzählt ein wenig über sich, und ehe man sich versieht, bekommt man wertvolle Insidertipps zum Reisen, nützliche Ratschläge für die Jobsuche oder sogar eine Einladung zum Abendessen.

> **Kiwi, Kiwi und Kiwi**
> Ein Wort und drei Bedeutungen. Einst gab es nur einen Kiwi, nämlich den scheuen Vogel, Neuseelands Nationaltier. Dieser war Namensgeber für die beliebten grünen und goldgelben Früchte, die sich unter der ursprünglichen Bezeichnung Chinesische Stachelbeere nicht verkauften. Inzwischen bezeichnen sich auch die Neuseeländer selbst gern und voller Stolz als Kiwis.

Familie und Freizeit – diese beiden Dinge stehen für Neuseeländer an erster Stelle. Und so nutzen sie jede freie Minute, um mit Familie und Freunden an der frischen Luft zu sein und Sport, Barbecues, Wanderungen oder Strandausflüge zu genießen. Neuseeländer sind sehr gesellige Leute. Gern kommen sie überall und mit jedem ins Gespräch. Vor allem Reisenden fragen sie gern Löcher in den Bauch – auf liebenswerte Weise, versteht sich.

Work-and-Travel-Reisende werden sich schnell an den entspannten Lifestyle gewöhnen und schon bald feststellen, dass sich das Leben in Neuseeland in vielerlei Hinsicht gar nicht so sehr von dem zu Hause unterscheidet. Nur, dass alles etwas gelassener genommen wird.

Das sieht man auch am Kleidungsstil der Einheimischen. Gern laufen die Kiwis in ihrer Freizeit in lässigen Klamot-

> ### Jeans? No Way!
> Im Berufsalltag ist der lässige Freizeitlook nicht überall gern gesehen. Wer sich für Jobs außerhalb der Farm- und Fruit-Picker-Branche bewirbt, sollte auf einen ordentlichen Kleidungsstil achten. Jeans und Turnschuhe sind hinter der Hotel-Rezeption, im Büro oder in nobleren Restaurants verpönt.
>
> ### Vorsicht, Deutsche!
> Es ist kein Geheimnis, dass Neuseeland bei Einwanderern aus Deutschland beliebt ist. Vor allem in Nelson und der umliegenden Region haben sich viele Deutsche niedergelassen. Wer über Dinge, die ihm missfallen, vom Leder ziehen will oder sich über andere Menschen lustig machen möchte, sollte lieber sicher sein, dass das Opfer der Meckerattacke nicht vielleicht deutsch versteht. Der Tritt ins Fettnäpfchen ist sonst unausweichlich.

ten herum. Schuhe kann man tragen, muss man aber nicht. Manche Europäer schütteln erstaunt den Kopf, wenn sie sehen, dass einige Schulkinder und Erwachsene sogar im Winter ihre geliebten Flip-Flops nicht gegen festes Schuhwerk eintauschen. Auch der Pyjama-Look ist nach wie vor bei einigen Neuseeländern beliebt. Also nicht wundern, wenn beim Ausflug in den Supermarkt merkwürdige Gestalten in Flanellgewand und Plüschpuschen durch die Gänge schlurfen. Auch 4-jährige Spidermans und Prinzessinnen wurden schon zwischen Obstkisten und Süßigkeitenregalen gesichtet...

Die Neuseeländer sind untereinander und Reisenden gegenüber höflich und freundlich. Egal, ob an der Supermarktkasse, beim Stadtbummel oder während der Busfahrt – zum obligatorischen „Good Morning" gehört die Frage: „How are you?" Spätestens nach ein paar Tagen wird man sich nicht mehr darüber wundern, dass anscheinend jeder von der Kassiererin über den Tankwart bis zum Hostelbesitzer am Wohlbefinden jedes Besuchers interessiert ist. Die Begrüßung, die zwar nett gemeint ist, ist letztendlich nur eine Höflichkeitsfloskel. Mehr als ein Lächeln und „Fine, thanks!" wird als Antwort nicht erwartet. Trotzdem ist es eine schöne Geste.

Übrigens wird man als Reisender merken, dass in den großen Städten das Leben etwas hektischer und unpersönlicher ist. Dies ist nicht die typische Kiwi-Kultur! Sobald man das Großstadtleben hinter sich lässt, lernt man den wahren neuseeländischen Lifestyle kennen.

2.7 Maori-Kultur

Die Maori waren die ersten Menschen, die Neuseeland besiedelten. Sie kamen mit Kanus (*waka*) von Polynesien aus über das Meer, ließen sich auf der Nord- und Südinsel nieder und lebten in kleinen Familiengruppen (*whanau*) zusammen.

Heute sind circa 14,6 % der neuseeländischen Bevölkerung Maori. Ihre Traditionen und Kunst sind ein wichtiger Bestandteil der neuseeländischen Kultur und eine bedeutende Einnahmequelle für den Tourismus. Neuseeland ist stolz auf seine Maori-Kultur. Viele Neuseeländer sind mit Ausdrücken und Verhaltensweisen der Maori aufgewachsen. Traditionen, Gesänge, Handwerkskunst, Tätowierungen und Wörter sind im Alltag präsent. Das sieht man z. B. an Ortsnamen wie Rotorua, Taupo, Whangarei oder Tauranga. Offizielle Internetseiten sind in Englisch und Maori abrufbar. Auch die

> **Woher kommt der Name Aotearoa?**
>
> Um die Entdeckung von Neuseeland ranken sich viele Mythen und Legenden. Eine der bekanntesten Geschichten ist die des Seefahrers Kupe, eines großen Stammesführers aus Hawaiki. Auf einer seiner Forschungsreisen war das erste Anzeichen einer größeren Landmasse eine lange weiße Wolke. Beim Anblick der Wolke rief Kupes Frau (in einigen Überlieferungen ist es seine Tochter): „He ao he ao! He aotea! He aotearoa!" – „Eine Wolke, eine Wolke! Eine weiße Wolke! Eine lange weiße Wolke!" Und so wurde das Land Aotearoa genannt, das „Land der langen weißen Wolke".

Wharenui (Versammlungshaus) in einem *marae*. Ein Marae-Besuch sollte auf der To-Do-Liste nicht fehlen

Nationalhymne Neuseelands ist zweisprachig: Bei offiziellen Anlässen wird zuerst die Maori-Version und dann die englische Fassung gesungen.

Wer an der Geschichte und Kultur der Maori interessiert ist, kann in zahlreichen interaktiven Museen (z. B. Te Papa in Wellington) mehr darüber erfahren. Außerdem bieten diverse Veranstalter Touren und Kulturerlebnisse, die Touristen die Traditionen und Bräuche näher bringen. Ein Highlight ist z. B. der Besuch eines marae – eines traditionellen Versammlungshauses – mit Begrüßungszeremonie, künstlerischen Darbietungen und anschließendem Essen. Handwerkskunst wie Schnitzen oder Weben sind weit im Land verbreitet, und wer sich nicht mit dem Zuschauen begnügen will, kann auch selbst aktiv werden.

Haka – Der Tanz der Krieger

Der *haka* ist der traditionelle Kriegstanz der Maori. Mit wilden Gesten, stampfenden Füßen, Furcht erregenden Grimassen, weit aufgerissenen Augen und herausgestreckten Zungen versuchten die Krieger, ihre Gegner einzuschüchtern und sich selbst zu motivieren und Mut zu machen.

Internationale Berühmtheit hat der *haka* durch die All Blacks erlangt. Das neuseeländische Rugby-Nationalteam führt seit 1888 vor jedem Länderspiel seinen *Haka Ka Mate* auf. Seit 2005 vollführen die All Blacks auch den *Haka Kapa o Pango*. Welchen *haka* die Spieler aufführen, entscheidet das Team vor dem Spiel in Abhängigkeit von der Tagesform und dem Gegner.

Maori für unterwegs	
hangi	Essen aus dem Erdofen (siehe nächste Seite)
hongi	Begrüßung zweier Menschen, bei der gleichzeitig Nasen und Stirnen aneinander gedrückt werden
kai	Essen
Ka pai	Danke
Kia ora	Begrüßungsfloskel („Hallo")
koha	Geschenk
mana	Respekt, Ansehen, Stolz, Ehre
marae	Versammlungsplatz inklusive der Gebäude
moko	Tätowierung, hauptsächlich im Gesicht, aber auch auf anderen Körperteilen. Traditionell beschreibt ein Moko die eigene Identität und Stammeszugehörigkeit.
Pakeha	Nicht-Maori, weiße Bevölkerung
poi	Schnur mit einem Ball am Ende, wird von Frauen beim Tanzen verwendet
pounamu	Jade
powhiri	Willkommenszeremonie in einem Marae
tapu	heilig, verboten (wird oft für Land benutzt, das nicht betreten werden darf)

2.8 Kulinarische Spezialitäten

Neuseelands bunter Nationalitäten-Mix hat auch die Küche des Landes kräftig um verschiedene Zutaten bereichert. Jeder Einwanderer hat seine eigenen kulinarischen Spezialitäten mitgebracht und in die nationale Küche einfließen lassen.

> **Hangi – Essen aus dem Erdofen**
>
> Wer die Chance hat, an einem *hangi* teilzunehmen, sollte sich dies nicht entgehen lassen! Ein *hangi* ist ein traditionelles Festmahl der Maori, bei dem das Essen mehrere Stunden in einem Erdofen gegart wird. Fleisch, Fisch und Gemüse werden in große Drahtkörbe geschichtet (traditionell wird das Essen in Bananenblätter eingerollt) und in einem Erdloch auf heißen Steinen platziert. Alles wird mit feuchten Tüchern abgedeckt und mit Erde zugeschüttet. Nach circa zwei Stunden wird das Essen ausgebuddelt und serviert.

In Neuseeland isst man sehr gern Fleisch und Fisch. So kommen oft Lamm-Gerichte (bei der Menge an Schafen sicher kein Wunder) sowie Rind- und Hühnerfleisch in allen möglichen Variationen auf den Tisch. Dank der Nähe zur Küste gibt es das ganze Jahr über frischen Fisch und Meeresfrüchte. Zu den Spezialitäten gehören *crayfish* (Languste, Flusskrebs), *whitebait* (wurmähnlich aussehende Jungtiere von fünf Fischarten, die als Ganzes gegessen werden), *scallops* (Jacobsmuscheln) und *green lipped mussels* (Grünlippenmuscheln).

Frisches Obst und Gemüse gibt es in Neuseeland reichlich. Nicht nur Kiwis, sondern auch viele andere Obst- und Gemüsesorten wie Äpfel, Zitrusfrüchte, Beeren, Kartoffeln, Avocados, Möhren etc. werden direkt in Neuseeland angebaut und haben daher keine lange Reise hinter sich. Unbedingt probieren sollte man die Kumara, eine Süßkartoffel, die vor allem gebacken sehr lecker schmeckt.

Wer keine Lust hat, selbst zu kochen, holt sich einfach ein *takeaway*, ein Essen zum Mitnehmen. In jeder größeren Stadt gibt es zahlreiche Restaurants, die diesen Service anbieten. Die Auswahl lässt kaum Wünsche offen – egal ob italienisch, griechisch, asiatisch, indisch, japanisch, deutsch oder karibisch.

Fish & Chips gehören bei jedem Kiwi regelmäßig auf den Speiseplan

Beliebt bei Kiwis und Touristen sind Fish & Chips (gebackener Fisch und Pommes Frites). Die riesigen Portionen machen garantiert satt. Eine andere neuseeländische Spezialität sind Pies. Diese kleinen Teigtaschen gibt es mit allen möglichen Fleisch- und Gemüsefüllungen.

Auch Fastfood-Ketten haben ihren Weg nach Neusee-

Leckeres aus Neuseeland

Anzac Biscuits:	Kekse mit Hafer, Sirup und Kokos
Chocolate Fish:	Marshmallow in Fischform mit Schokoladenüberzug
Hokey Pokey Ice Cream:	Vanilleeis mit Karamellstückchen
L&P:	kurz für Lemon & Paeroa, kohlensäurehaltige Limonade mit geheimer Zutat
Marmite:	Salziger Brotaufstrich aus konzentriertem Hefeextrakt, neuseeländisches Pendant des australischen Vegemite; sehr salzig und nicht jedermanns Sache

land gefunden: McDonalds, Kentucky Fried Chicken, Burger King, Pizza Hut, Subway und Co. sind weit verbreitet.

Es ist kein Problem, sich in Neuseeland vegetarisch zu ernähren. Das ganze Jahr über gibt es ein reichhaltiges Angebot an frischem Obst und Gemüse und Nahrungsmittel wie Nudeln, Reis oder Hülsenfrüchte sind einfach zu bekommen. Auch Restaurants und Cafés stellen sich auf spezielle Ernährungswünsche ihrer Kunden ein und haben vegetarische, vegane oder glutenfreie Speisen auf ihrer Karte.

Wer bei der Jobsuche eine Arbeit findet, bei der Verpflegung inklusive ist, sollte vorher nachfragen, ob vegetarisches Essen angeboten wird. Insbesondere im Rahmen des WOOFing gibt es übrigens viele ökologische Farmen, die ausschließlich fleischlose Ernährung anbieten.

Pavlova mit Erdbeeren kommt bei den Kiwis oft auf den Tisch

Was viele in Neuseeland vermissen werden, ist eine üppige Auswahl an Brot und Käse. Neuseeländer essen hauptsächlich Toast, das zwar in verschiedenen Varianten angeboten wird, aber irgendwie immer gleich schmeckt. Charakteristisches Merkmal: Wenn man draufdrückt, bleibt es flach.

Zum Glück gibt es inzwischen einige Bäckereien, die diese Marktlücke entdeckt haben und Brot backen, das dem guten deutschen Brot sehr ähnlich ist. Man sollte danach in Supermärkten, Bäckereien und auf Wochenmärkten Ausschau halten.

Ähnlich ist es mit dem Käse. Man sollte meinen, dass es in einem Land, wo die Milchproduktion ein wichtiger Wirtschaftszweig ist, ein gutes Angebot gibt, aber leider weit gefehlt. Im Supermarkt liegen Käseblöcke (in variierenden Größen) in den Geschmacksrichtungen Edam, Colby, tasty, mild und Cheddar neben Camembert, Blauschimmelkäse, Frischkäse und Schmelzkäsescheiben. Inzwischen gibt es auch einige Anbieter, die ihre eigenen Kreationen herstellen – lecker, aber leider nicht billig.

Der Pavlova-Streit

Pavlova ist ein typisches neuseeländisches Dessert. Diese leckere Kalorienbombe besteht aus einer Baisermasse, die mit Sahne gefüllt und mit Obst, meistens Kiwis, Erdbeeren und Maracuja, belegt wird. Benannt wurde die süße Versuchung nach der russischen Balletttänzerin Anna Pavlova, die 1926 in Neuseeland und Australien auftrat. Dummerweise beanspruchen auch die Australier die Pavlova als ihr Nationalgericht, und jedes Land hat seine eigene Geschichte zur Erfindung der Baiser-Torte. Als das Oxford English Dictionary kürzlich in seiner Online-Ausgabe Neuseeland die Lorbeeren für die Erfindung der Pavlova zusprach, schien der Streit beendet. Das Wörterbuch hatte darauf hingewiesen, dass Pavlova-Rezepte bereits in neuseeländischen Kochbüchern erschienen waren, als in Australien das Dessert noch gar nicht erwähnt wurde. Doch die Australier geben so leicht nicht auf...

Neuseelands Kaffee-Kultur

Vielleicht würde man es nicht erwarten, aber in Neuseeland kann man wunderbaren Kaffee genießen! In den letzten Jahren hat sich eine ganz besondere Kaffee-Kultur entwickelt, Cafés sind aus dem Boden geschossen, von denen viele ihre eigenen Bohnen rösten. Das Angebot reicht von Short Black und Café Latte über Flat White und Long Black bis zu Cappucchino und Moccachino – in die Tasse gegossen und, wenn Milchschaum dazu kommt, kunstvoll mit diversen Mustern verziert. Ein Gaumen- und Augenschmaus!

3 | Vorbereitung und Planung

3.1 Das Visum: Voraussetzungen, Bestimmungen, Beantragung

Jetzt geht es an die Organisation der Reise! Einer der wichtigsten Schritte dabei ist die Beantragung des Visums. Speziell für junge Menschen, die durch Reisen eine andere Kultur kennenlernen wollen, wurde das Working Holiday Scheme Visa entwickelt. Mit dem Visum kann man bis zu zwölf Monate in Neuseeland herumreisen und erhält eine Arbeitsgenehmigung, um zwischendurch mit Gelegenheitsjobs Geld für die Reisekasse zu verdienen. Wie viele und welche Jobs man unterwegs annimmt und wie lange man in einem Job bleibt, kann jeder selbst entscheiden.

> **Das Working Holiday Scheme Visa...**
>
> ...ist ein bilaterales Abkommen zwischen Deutschland und Neuseeland. Im Jahr 2000 durften erstmals junge Deutsche zu einem Work-and-Travel-Aufenthalt nach Neuseeland reisen. Damals war die Zahl der Visa auf 2.000 pro Jahr limitiert. Seit 2005 gibt es für deutsche Staatsbürger ein unbegrenztes Visa-Kontingent.

Wichtig ist, dass das *Working Holiday Scheme Visa* nur ein einziges Mal im Leben ausgestellt wird! Wer also nur für einige Wochen nach Neuseeland fliegen möchte, ohne wirklich jobben zu wollen, sollte sich das Visum lieber aufsparen. Man weiß ja nie, was in den kommenden Jahren passiert, und vielleicht kann man es zu einem späteren Zeitpunkt viel besser nutzen.

Das *Working Holiday Scheme Visa* kann online auf der Website von *Immigration New Zealand* beantragt werden. Die Beantragung ist auch auf dem normalen Schriftweg möglich (Informationen unter www.ttsnzvisa.com), jedoch müssen dann alle Formulare nach Hamburg bzw. London geschickt werden. Erfahrungsgemäß dauert die Bearbeitung der schriftlichen Anträge wesentlich länger. Zusätzlich wird eine Bearbeitungsgebühr verlangt, die bei der Online-Beantragung entfällt. Schneller und einfacher geht es also online! Bei der Online-Beantragung muss man neben dem Reisepass auch über eine Kreditkarte verfügen, denn die Bezahlung der Visumsgebühren von 105 NZD (Stand Juni 2013) ist nur per Kreditkarte (eigene oder fremde) möglich!

Auf der Website www.immigration.govt.nz gibt es jede Menge Informationen zur Beantragung und zu den Visumsbedingungen. Im Abschnitt „How do I apply?" befindet sich der Link, der zum Online-Antrag führt. Antragsteller müssen sich zunächst registrieren, um Zugriff auf das Anmeldeformular zu bekommen und um später zu checken, ob das Visum erteilt wurde.

Nachdem die Registrierung bestätigt wurde, kann der Antrag ausgefüllt werden. Konzentration ist hierbei das A und O! Da der Antrag unter Umständen abgelehnt wird, wenn falsche Angaben gemacht wurden bzw. sich die Bearbeitungszeit bei fehlenden Informationen verlängert, sollte man sich für das Ausfüllen ausreichend Zeit nehmen und alle Angaben gewissenhaft eintragen. Vor dem endgültigen Absenden des Antrags noch mal alle Details überprüfen!

Gute Englischkenntnisse sind von Vorteil, wenn man die Fragen zur eigenen Persönlichkeit, zum Charakter, zu den Reiseplänen und zur Gesundheit beantwortet. Ansonsten hilft vielleicht ein Freund oder ein Verwandter bzw. ein Wörterbuch weiter.

QR-Code:
German Working Holiday Scheme

Work & Travel woanders?

Deutschland hat weitere Working-Holiday-Abkommen mit Australien, Kanada, Japan, Südkorea, Hongkong und Taiwan. Achtung: Da es für diese Länder – abgesehen von Australien – derzeit nur ein begrenztes Visa-Kontingent gibt, ist eine rechtzeitige Anmeldung unbedingt notwendig. Weitere Informationen gibt es bei den jeweiligen Botschaften der Länder in Deutschland.

Beim Ausfüllen ist zu beachten, dass statt des deutschen Buchstaben ß „ss" verwendet wird. Analog dazu ist statt der Umlaute ä, ö und ü „ae", „oe" und „ue" zu schreiben.

Der Antrag kann übrigens jederzeit zwischengespeichert und zu einem späteren Zeitpunkt zu Ende ausgefüllt werden.

Spätestens acht Wochen vor der Abreise sollte das Visum beantragt werden. Zwar erfolgt die Bearbeitung normaler weise recht schnell, in der Regel innerhalb weniger Tage, aber in Ausnahmefällen kann es auch länger dauern. Also lieber das Visum zeitig beantragen, denn es wäre doch zu dumm, wenn die Neuseeland-Reise daran scheitern würde!

Visumsvoraussetzungen

Um das Working-Holiday-Visum zu beantragen, muss bzw. darf man:
- deutscher Staatsbürger sein
- bei der Beantragung zwischen 18 und 30 Jahre alt sein (sie ist also bis zu einem Tag vor dem 31. Geburtstag möglich)
- einen deutschen Reisepass besitzen, der bei der Einreise noch mindestens 15 Monate gültig ist
- zuvor noch kein *Working Holiday Scheme Visa* beantragt haben
- bestimmte gesundheitliche Anforderungen und charakterliche Voraussetzungen erfüllen (in der Regel werden Antragsteller, die z. B. Tuberkulose haben oder regelmäßig Dialyse benötigen und solche, die z. B. in der Vergangenheit inhaftiert waren oder mit terroristischen Aktivitäten in Verbindung gebracht werden, abgelehnt)

Zu beachten ist auch, dass das Visum nicht für minderjährige Kinder des Antragstellers gilt.

Das Working-Holiday-Visum wird nicht per E-Mail zuge-

> **Verlängerung des Visums für Erntehelfer**
>
> Wer nachweisen kann, dass er mindestens drei Monate als Erntehelfer im Garten- und/oder Weinanbau gearbeitet hat, kann sein Visum um drei Monate verlängern lassen. Der Antrag für ein *Working Holiday Maker Extension Permit* (Formular INZ 1153) muss von Neuseeland aus schriftlich gestellt und zusammen mit der erneuten Visumsgebühr von 105 NZD (Stand Juni 2013) und den entsprechenden Arbeitsnachweisen an *Immigration New Zealand* geschickt werden. Weitere Informationen unter www.immigration.govt.nz/migrant/stream/work/hortandvit/workingholidaymakerextensionvisa.htm

schickt. *Immigration New Zealand* versendet lediglich eine automatische Email mit der Information, dass sich der Status des Antrags geändert hat. Um zu prüfen, ob das Visum erteilt wurde, loggt man sich auf der Website unter „Online Services" mit seinem Nutzernamen und Passwort ein und prüft den Status. Am besten ist es, sich gleich das Online Working Holiday Visa auszudrucken und zu den Reiseunterlagen zu legen, da es bei der Einreise in Neuseeland vorgezeigt werden muss.

Ab dem Tag der Erteilung des Visums hat man zwölf Monate Zeit, nach Neuseeland einzureisen. Nach dieser Frist verfällt das Visum und wird nicht erneut ausgestellt.

Bei der Einreise müssen folgende Nachweise erbracht werden:

- Finanzielle Mittel von mindestens 4.200 NZD. Als Nachweis werden z. B. eine Kreditkarte, Reiseschecks, Kontoauszüge oder ein Kreditbrief der Bank akzeptiert.
- Rückflugticket oder weitere finanzielle Mittel, mit denen ein Ausreiseticket gekauft werden kann.
- Umfassende Krankenversicherung, die für die gesamte Aufenthaltsdauer in Neuseeland gültig ist.

Sobald der Zollbeamte am Tag der Einreise den Stempel in den Reisepass drückt, tickt die Uhr – das Visum ist nun zwölf Monate lang gültig. Während dieser Zeit kann man beliebig oft in Neuseeland ein- und ausreisen.

3.2 Flugbuchung

It's a long way down... Umso wichtiger ist es, dass die Planung des Fluges gut überlegt ist. Wer seinen Neuseelandaufenthalt selbst organisiert, ist flexibel, wenn es um die Wahl der Fluggesellschaft, des Abflugdatums, der Route und eventueller Zwischenstopps geht.

Frühbucherpreise versus Last-Minute-Deal – den perfekten Zeitpunkt, wann man seinen Flug buchen sollte, gibt es nicht. Die Fluggesellschaften legen bis zu einem Jahr im Voraus ihre Preise fest. Auch wenn der geplante Abflug noch in weiter Ferne scheint, kann es nicht schaden, sechs bis acht Monate vorher nach Optionen zu schauen. Sich auf sein Glück zu verlassen, dass man kurzfristig einen billigen Flug bekommt, ist riskant.

Es ist kein Geheimnis, dass Flüge nach Neuseeland recht teuer sind. Man sollte zwischen 1.100 und 1.500 EUR für den Flug einplanen. Preise zwischen 1.000 und 1.200 EUR kann man als Schnäppchen bezeichnen. Sondertarife, die jedoch in der Regel nicht unter dieser Preisspanne liegen, gibt es für Studenten und junge Leute bis 27 Jahre.

Ob es die billigeren Angebote im Internet oder im Reisebüro gibt, dazu hat jeder seine eigene Meinung und Erfahrung. Bequemer, zeitsparender und sicherer ist der Gang in ein Reisebüro. Die Mitarbeiter dort haben schnellen Zugriff auf alle Angebote, beantworten Fragen, können Tipps geben, organisieren die Flugbuchung und die Ausstellung der Tickets und stehen während der gesamten Reiseplanung als Ansprech-

Eins der beiden Ziele in Neuseeland, die man direkt anfliegen kann: Auckland

partner zur Verfügung. Das Reisebüro kümmert sich auch um die Extrawünsche der Passagiere. Wer Sondergepäck wie Fahrrad, Snowboard oder Musikinstrumente nach Neuseeland mitnehmen möchte oder spezielle Wünsche bei der Verpflegung (z. B. vegetarisches Essen) hat, sollte dies gleich bei der Buchung mit angeben. Für Sondergepäck können extra Gebühren anfallen.

Wer den Arbeitsaufwand nicht scheut, kann auf diversen Internetseiten selbst nach den günstigsten Tarifen suchen. Einen direkten Ansprechpartner gibt es in diesem Fall nicht, jedoch beantworten die Fluggesellschaften eventuell auftretende Fragen. Preislich unterscheiden sich die Buchung im Reisebüro und über das Internet letztlich kaum voneinander.

Round the World Ticket

Beliebt bei Work-and-Travel-Reisenden ist das Round the World Ticket (RTW-Ticket). Zu einem günstigen Preis kann

Internet

www.airlinequality.com
Ranking der verschiedenen Fluggesellschaften mit Informationen zu Service, Leistungen und Sicherheit sowie Meinungen von Fluggästen.

www.seatguru.com
Detaillierte Sitzpläne der einzelnen Flugzeugtypen mit Tipps für die besten und schlechtesten Sitze sowie Informationen, wo an Bord die Toiletten, Notausgänge und Servicestationen sind.

man eine Route planen, die kurze oder längere Aufenthalte in verschiedenen Ländern beinhaltet. Für Entdecker, die von einer Weltreise träumen, ist dies eine gute Alternative. Neuseeland kann dabei auf der Route mit eingebaut werden.

Wer vergleicht, kann bares Geld sparen. Jedoch bedeutet billig nicht auch zwangsläufig das beste Angebot. Manchmal ist der Flugtarif zwar verlockend, aber es gibt einen Haken – unterwegs muss oft umgestiegen werden, die Wartezeit auf den Anschlussflug ist extrem lang (acht Stunden sind keine Seltenheit) oder man muss an Bord auf Service verzichten.

Gerade auf dieser langen Reise – die reine Flugdauer nach Neuseeland beträgt 25 bis 30 Stunden – ist ein gewisses Maß an Komfort nicht zu unterschätzen, denn wer will schon völlig übermüdet am Ziel ankommen und gestresst seinen Work-and-Travel-Aufenthalt beginnen? Der Preis sollte also nicht das einzige Kriterium bei der Auswahl des Fluges sein.

Nach Neuseeland fliegen verschiedene Fluggesellschaften wie z. B. Air New Zealand (in Kooperation mit Lufthansa), Emirates, Singapore Airlines, Cathay Pacific, Malaysia Airlines, Korean Air, Thai Airways oder China Airlines. Diese Fluglinien fliegen die internationalen Flughäfen in Auckland auf der Nordinsel und in Christchurch auf der Südinsel an. Einige wenige Fluggesellschaften fliegen auch direkt nach Wellington.

Man kann entweder über Amerika (Westroute) oder über Asien (Ostroute) nach Down Under fliegen. Da Neuseeland, auf dem Globus betrachtet, Deutschland ziemlich gegenüber liegt, macht es zeitlich gesehen kaum einen Unterschied, für welche Reiserichtung man sich entscheidet. Unterschiede gibt es im Preis (über die Westroute ist es meistens teurer), bei den Stopover-Möglichkeiten und bei der Freigepäckgrenze (über die Westroute sind 2 x 32 kg erlaubt, über die Ostroute je nach Airline 1 x 20 bis 30 kg – Achtung, die Fluggesellschaften ändern ihre Gepäckbestimmungen mitunter kurzfristig).

Wem der Gedanke, 25 Stunden (mit kurzen Unterbrechungen) im Flugzeug zu sitzen, nicht so gefällt, der sollte überlegen, unterwegs einen Zwischenstopp einzulegen. Während eines Stopovers verbringt man einen oder mehrere Tage in einer Stadt auf der Flugroute, wo man endlich mal wieder in einem richtigen Bett schlafen, sich die Beine vertreten und etwas Neues sehen kann! Beliebte Stopover-Orte auf der Ostroute sind z. B. Singapur, Dubai, Seoul, Bangkok, Hongkong, Tokio, Kuala Lumpur, Bali und Sydney. Auf der Westroute kann man z. B. in Los Angeles, Hawaii oder Fidschi zwischenlanden. Anschließend geht es einfach im nächsten Flieger weiter nach Neuseeland. Normalerweise verlangen die Fluggesellschaften für diese Reiseunterbrechung keinen Aufpreis. Es fallen nur die Übernachtungs- und Verpflegungskosten an.

Hostel für die ersten Nächte

Nach solch einem langen Flug möchte man wissen, dass irgendwo ein Bett auf einen wartet. Es empfiehlt sich, mindestens die ersten zwei Nächte von Deutschland aus vorzubuchen. Das erspart die Unterkunftssuche vor Ort und man muss keine Angst haben, dass alles ausgebucht ist, wenn man ankommt. Viele Hostels bieten einen Abhol-Service an – bei der Buchung danach fragen! Jede Menge Auswahl gibt es unter
www.bbh.co.nz
www.yha.co.nz
www.hostelbookers.com
www.hostelworld.com

Gabelflug

Wer beide Inseln erkunden möchte, kann einen Gabelflug buchen. Dies bedeutet, dass man in Auckland ankommt und von Christchurch aus wieder zurückfliegt oder umgekehrt. Auf diese Weise erspart man sich das Nachdenken darüber, wie man am Ende der Reise am besten wieder zum Flughafen kommt, wenn man gerade auf der anderen Insel ist.

Auf jeden Fall sollte man sich nach „Rail & Fly"-Optionen erkundigen. Die Deutsche Bahn bietet in Kooperation mit vielen Fluggesellschaften die Zugfahrt zum Flughafen und zurück kostenlos oder zu einem vergünstigten Preis an. „Rail & Fly" kann entweder direkt bei der Fluggesellschaft oder über das Reisebüro gebucht werden (www.bahn.de/p/view/service/flug/rail_und_fly.shtml).

Fast jede Fluggesellschaft hat ein Frequent-Flyer-Programm. Wer sich dafür registriert, kann seine geflogenen Meilen auf einem Konto gutschreiben lassen. Auf diese Weise sammelt man mit jedem Flug weitere Bonuspunkte, die man später gegen Prämien, Freiflüge oder Upgrades eintauschen kann. Informationen zu den Vielflieger-Programmen gibt es auf den Webseiten der jeweiligen Fluggesellschaften oder im Reisebüro.

Das Pillen-Thema

Weibliche Reisende, die unterwegs weiterhin die Anti-Baby-Pille nehmen möchten, sollten sich einen ausreichenden Vorrat mit auf die Reise nehmen. Der Großteil der Pillen sollte im Rucksack bzw. Koffer und nicht im Handgepäck verstaut werden. Eine Alternative ist, auf andere Verhütungsmittel auszuweichen, der Frauenarzt berät gern über die Optionen.

Sonnenuntergang in den Marlborough Sounds. Tagsüber sollte man sich vor der Sonne schützen

3.3 Gesundheit und Impfungen

Bevor es losgeht, sollte man sich vom Hausarzt durchchecken lassen und auch dem Zahnarzt noch einen Besuch abstatten. Spezielle Impfungen sind für Neuseeland nicht vorgeschrieben. Es kann jedoch nicht schaden zu prüfen, ob alle Standardimpfungen noch wirksam sind und diese ggf. vor der Abreise auffrischen zu lassen. Wer unterwegs einen Stopover eingeplant hat, sollte sich über die erforderlichen Impfungen im jeweiligen Land informieren und kann auch den Hausarzt um Rat fragen.

Einige Krankenkassen übernehmen übrigens die Kosten für Reiseimpfungen – es lohnt sich nachzufragen!

Reisende, die regelmäßig Medika-

> **Sonneneinstrahlung**
>
> Aufgrund der dünnen Ozonschicht ist die Sonneneinstrahlung in Neuseeland sehr stark. Vor allem im Sommer sollte man auch bei bewölktem Himmel auf einen guten Sonnenschutz achten. Eine Sonnenschutzcreme mit hohem Lichtschutzfaktor ist ein Muss! Außerdem ist es gerade auf Wanderungen oder bei der Erntearbeit gut, die Haut bedeckende Kleidung zu tragen und einen Hut aufzusetzen (siehe auch Tipp auf S.28).

mente einnehmen müssen, sollten sich für die Dauer des Aufenthalts bevorraten, da es in Neuseeland unter Umständen nicht das gewohnte Präparat gibt. Wichtig ist, dass bei Medikamenten, die Narkotika enthalten, laut Zollvorschrift die entsprechenden Rezepte bzw. Originalverpackungen mitgeführt werden müssen. Außerdem sollte man sich vom behandelnden Arzt ein Attest in englischer Sprache ausstellen lassen, das erklärt, worum es sich bei dem Medikament handelt und dass die Menge für den persönlichen Gebrauch bestimmt ist (dies gilt auch für die Pille – Siehe Tipp Seite 52).

> **Internet**
> www.crm.de
> Website des Zentrums für Reisemedizin
> www.fit-for-travel.de
> Informationen zu Impfempfehlungen und -vorschriften weltweit

Die medizinische Versorgung in Neuseeland entspricht westeuropäischen Standards. An Allgemeinärzten (*General Practitioner* bzw. GP), Spezialisten, Krankenhäusern (*hospital*) und Apotheken (*pharmacy*) herrscht kein Mangel. Die Krankenhäuser sind gut ausgestattet, die Ärzte fachkundig und sehr freundlich.

Im Krankheitsfall muss zunächst ein Allgemeinarzt aufgesucht werden, der, wenn nötig, die Überweisung zu einem Facharzt veranlasst. Für Notfälle gibt es die Notaufnahmen der Krankenhäuser, wo Ärzte erste Hilfe leisten.

In Neuseeland existiert eine staatliche Unfallversicherung, die *Accident Compensation Corporation (ACC)*, die durch Beiträge der neuseeländischen Arbeitgeber- und Arbeitnehmer finanziert wird. Bei unfallbedingten Verletzungen gilt sie auch für Touristen. In diesen Fällen leistet die *ACC* finanzielle Unterstützung bei Behandlungs- und Rehabilitationskosten, solange man sich in Neuseeland aufhält.

Arzt- und Krankenhauskosten müssen in Neuseeland direkt vor Ort bezahlt werden. Daher unbedingt um eine detaillierte Abrechnung bitten! Nach der Rückkehr werden alle Unterlagen bei der Auslandskrankenversicherung eingereicht, die nach umfassender Prüfung die Kosten im begründeten Fall zurückerstattet.

3.4 Gut versichert

Wahrscheinlich passiert ja nichts, aber was, wenn doch? Work-and-Travel-Reisende sollten auf jeden Fall ein gutes Versicherungspaket abschließen, bevor es nach Neuseeland geht. Denn nichts ist schlimmer, als wenn der Aufenthalt ruiniert ist, nur weil man ein wenig Geld sparen wollte.

Wer für alle Fälle gewappnet sein möchte, für den sind diese Versicherungen empfehlenswert:
- Auslandskrankenversicherung
- Haftpflichtversicherung
- Gepäckversicherung
- Unfallversicherung
- Reiserücktrittsversicherung.

Auslandskrankenversicherung

Die Auslandskrankenversicherung ist die wichtigste Versicherung, denn die deutsche Krankenkasse zahlt nicht für Behandlungen außerhalb Europas. Daher ist ein ausreichender Versicherungsschutz auch in den Visa-Bestimmungen vorgeschrieben. Doch welchen Anbieter wählen? Bei so vielen Versicherungsunternehmen auf dem deutschen Markt kann man schnell ein paar Stunden, wenn nicht sogar Tage mit Recherchen im Internet verbringen.

Zunächst einmal: Die günstigen Urlaubskrankenversicherungen kommen für einen Work-and-Travel-Aufenthalt leider nicht in Frage. Zum einen ist bei diesen das Arbeiten nicht mit abgesichert, zum anderen gelten die Tarife nur für Reisen mit einer Dauer von bis zu sechs Wochen am Stück.

Policen für Work-and-Travel-Reisende werden im Versicherungsjargon oft als Langzeit-Auslandskrankenversicherung bezeichnet. Wie der Name schon sagt, ist dies eine reine Krankenversicherung. Doch nicht alle Versicherer bieten dieselben Leistungen, ein genauer Blick in das Kleingedruckte ist also wichtig! Um die Auswahl ein wenig einfacher zu machen, hier ein paar Tipps, worauf man achten sollte.

Selbstbeteiligung oder Selbstbehalt:
Bei der Wahl der Versicherung sollte man darauf achten, dass kein Selbstbehalt verlangt wird oder dass dieser möglichst niedrig ist. Wenn ein Selbstbehalt vereinbart wurde, bedeutet das, dass bei jedem Arztbesuch zunächst alle Kosten bis zur Höhe des Betrages des Selbstbehalts vom Versicherten bezahlt werden müssen. Erst, wenn die Behandlungskosten den Selbstbehalt übersteigen, springt die Versicherung ein.

Krankenrücktransport:
Die Versicherung sollte einen medizinisch sinnvollen Rücktransport bezahlen. Dies bedeutet, dass der Patient auch dann nach Hause transportiert wird, wenn dies unter psychischen oder sozialen Gesichtspunkten den Heilungsprozess fördert oder beschleunigt. Einige Versicherungen zahlen nur, wenn der Rücktransport medizinisch notwendig ist, wenn also der Patient nicht behandelt werden kann, weil z. B. die medizinische Ausrüstung fehlt.

Rückerstattung von Beiträgen:
Bei einer vorzeitigen Rückreise sollte die Versicherung die zu viel gezahlten Beiträge zurückzahlen.

Weitere Pluspunkte:
- Freie Arzt- und Krankenhauswahl
- Übernahme von schmerzstillenden Zahnbehandlungen

- Zahlung von ärztlich verordneten Arznei-, Heil- und Verbandmitteln
- Absicherung von ambulanten und stationären Behandlungen
- Absicherung von Extremsportarten wie Skydiving, Bungee-Jumping oder Snowboarden
- keine vorherige Gesundheitsprüfung

> **Versicherungen im Test**
>
> Die Stiftung Warentest hat 40 Tarife für Langzeit-Auslandskrankenversicherungen unter die Lupe genommen. Mit „Sehr Gut" wurden die Angebote der Hanse Merkur (**www.hansemerkur.de**) und der LVM (**www.lvm.de**) ausgezeichnet. (Den ausführlichen Testbericht kann man gegen eine Gebühr herunterladen: **www.test.de**, Finanztest 08/2012.)

Auslandskrankenversicherungen können auch für kürzere Zeiträume abgeschlossen werden, z. B. für fünf oder sieben Monate. Wer noch nicht genau weiß, wie lange er in Neuseeland bleiben möchte, sollte seine Versicherung für die maximale Aufenthaltsdauer abschließen. So erspart man sich das lästige Ausfüllen von Anträgen vor Ort in Neuseeland, wenn man die Versicherung verlängern möchte. Zudem werden Erkrankungen, die nach dem Ablaufen des Versicherungszeitraums auftreten, bei einer Verlängerung als „vorbestehend" eingestuft und sind somit nicht versichert. Mit viel Pech könnte die Versicherung eine Verlängerung auch von vornherein ablehnen. Einige Versicherer schließen Verlängerungen sogar grundsätzlich aus! Bei einer vorzeitigen Rückkehr zahlen die meisten Versicherungen zuviel gezahlte Prämien zurück.

Wer sich darüber hinaus absichern möchte, kann zusätzlich weitere Versicherungen abschließen. Einige Versicherungsunternehmen bieten Rundumschutzpakete an, die auch

Haftpflichtversicherung, Unfallversicherung und Gepäckversicherung umfassen.

Reiserücktrittsversicherungen werden direkt im Reisebüro wie auch von diversen Versicherungsunternehmen angeboten. Eine solche Police schützt vor den Stornierungskosten, die anfallen, wenn die Reise aus unvorhersehbaren Gründen (z. B. schwere Erkrankung, Todesfall in der Familie, Schwangerschaft, unverschuldeter Arbeitsplatzverlust) nicht angetreten werden kann. Die Versicherung zahlt jedoch nicht, wenn man es sich anders überlegt hat oder aus privaten Gründen, wie etwa die Trennung vom Partner, nicht mehr fliegen möchte.

Deutsche Krankenversicherung

Was passiert mit der deutschen Krankenversicherung, während man in Neuseeland herumreist? Im Prinzip kann man die gesetzliche Krankenversicherung vor der Abreise abmelden. Da die Krankenkassen durch die Versicherungspflicht gezwungen sind, einen wieder aufzunehmen, besteht keine Gefahr, nach der Rückkehr ohne Krankenversicherung dazustehen.

Eine Alternative ist die Anwartschaftsversicherung bei der Krankenkasse (45 EUR, Stand Juni 2013). Damit wird die Mitgliedschaft bei der Krankenkasse aufrechterhalten, allerdings ohne Leistungsansprüche. Nach der Rückkehr ist man automatisch wieder versichert. Die Krankenkassen beraten gern über die Optionen und notwendigen Schritte.

3.5 Geldangelegenheiten

Die offizielle neuseeländische Währung ist der NZ-Dollar. Das Geld ist in Münzen zu 10, 20 und 50 Cent sowie 1 und 2 Dollar und in Scheinen zu 5, 10, 20, 50 und 100 Dollar im Umlauf.

Für den Aufenthalt in Neuseeland bietet sich ein Mix aus

Bargeld, Kreditkarte und Bankkundenkarte an. Da es immer mal passieren kann, dass eine Karte verloren geht oder nicht funktioniert, ist es gut, eine Reservelösung zu haben.

Wer keine Kreditkarte hat, sollte sich wenn möglich eine besorgen, da sie das Herumreisen in vielerlei Hinsicht vereinfacht. Mit VISA, Mastercard, American Express und Diners Club kann man fast überall bezahlen. Einige kleinere Geschäfte oder Cafés akzeptieren jedoch grundsätzlich keine Kreditkarten.

Unterkünfte, Autovermietungsfirmen oder Tourenanbieter verlangen bei Reservierungswünschen in der Regel als Sicherheit eine Kreditkartennummer. Außerdem ist die Kreditkarte für Buchungen über das Internet das übliche Zahlungsmittel.

Geldautomaten werden in Neuseeland *ATM* (*Automated Teller Machine*) genannt. Sie sind weit verbreitet und in jeder größeren Ortschaft meistens entlang der Hauptstraße oder in Einkaufszentren zu finden. Am *ATM* werden Kreditkarten und Maestro-EC-Karten (in Verbindung mit der vierstelligen Pin-Nummer) akzeptiert (auf die jeweiligen Symbole am Automaten achten). Um böse Überraschungen zu vermeiden, sollte man vorher bei der Heimatbank nachfragen, welche Gebühren beim Geld abheben anfallen.

In fast jedem Ort gibt es einen ATM, wo man Geld abheben kann

Swedish Rounding

Obwohl die 1-, 2- und 5-Cent-Münzen aus dem Verkehr gezogen wurden, sind krumme Preise üblich, also 14,99 NZD oder 2,49 NZD. In diesem Fall werden die Beträge nach dem Swedish-Rounding-Prinzip auf- oder abgerundet. Preise, die mit 1 bis 4 Cent enden, werden abgerundet und Preise, die mit 6 bis 9 enden, aufgerundet. Wie Preise, die mit 5 Cent enden, gehandhabt werden, liegt im Ermessen eines jeden Einzelhändlers. Bei der Bezahlung per Kreditkarte wird der tatsächliche Preis ohne Auf- oder Abrunden abgezogen.

> **Kostenlose Kreditkarte**
>
> Verschiedene Banken bieten kostenlose Kreditkarten an. Das bedeutet, dass eine Jahresgebühr entfällt und dass man weltweit an jedem Automaten gebührenfrei Geld abheben kann, egal wie oft und egal wie viel (im Rahmen des Verfügungslimits). Lediglich bei der Bezahlung mit der Kreditkarte fallen die üblichen Auslandseinsatzgebühren an.
> Man sollte das Konto spätestens vier Wochen vor der Abreise eröffnen, damit Kredit- und EC-Karte rechtzeitig ankommen. Einige Anbieter (Stand Mai 2013):
> **www.dkb.de**
> **www.comdirect.de**
> **www.barclaycard.de**

Hinweis: EC-Karten, die nicht das Maestro-Logo, sondern das V-Pay-Logo haben, funktionieren an Geldautomaten in Neuseeland nicht.

Bei kleineren Bargeldbeträgen bis zu circa 100 NZD helfen auch Tankstellen, Supermärkte oder Geschäfte weiter – einfach beim Bezahlen nach cash out fragen und der gewünschte Betrag wird gleich mit von der Geldkarte abgezogen. Vor der Abreise bereits ein paar neuseeländische Dollar einzutauschen, kann nicht schaden. So hat man bei der Ankunft in Neuseeland gleich ein wenig Bargeld, um ein Sandwich zu kaufen oder den Bus vom Flughafen in die Stadt zu bezahlen.

Der Wechselkurs schwankt zwischen 1 € = 1,50 - 2 NZD

Reiseschecks werden nicht mehr in NZD ausgestellt. Wer dennoch Reiseschecks mitnehmen möchte, sollte sich diese in einer der Hauptwährungen, z. B. US-Dollar oder Euro, ausstellen lassen. Travellers Cheques werden an vielen Orten akzeptiert. Als Notreserve sind sie definitiv eine gute und sichere Option.

> **Sperrnotruf**
>
> Bei Verlust der Bankkarte oder Kreditkarte unbedingt sofort den Zentralen Sperrnotruf in Deutschland benachrichtigen: 0049 116 116.

3.6 Gepäck und elektrische Geräte

Ich packe meinen Koffer und ich nehme mit... Ja, was eigentlich? Weniger ist mehr – diese Weisheit trifft definitiv auf das Gepäck zu. Im Prinzip spielt es keine Rolle, ob man drei Wochen, fünf Monate oder ein Jahr lang verreist, man braucht nicht mehr Sachen, je länger man unterwegs ist.

Es ist eine gute Idee, bereits einige Wochen vor der Abreise eine detaillierte Packliste zu schreiben. So sieht man, ob eventuell noch etwas gekauft werden muss (Regenjacke? Kopfschmerztabletten?). Zudem kann man schon mal Probe packen.

Zur Beruhigung gleich Eines vorneweg: In Neuseeland gibt es alles zu kaufen, was zum Reisen und Arbeiten wichtig ist. Wer also trotz Packliste das eine oder andere vergisst (solange es nicht der Reisepass, die Kreditkarte oder das Flugticket ist!), kann einfach am anderen Ende der Welt in ein Geschäft gehen. Ach ja, und Waschmaschinen gibt es in Neuseeland auch. Ab und zu kann man also einen Waschtag einlegen, und hinterher sind alle Klamotten wieder sauber.

Eine der wichtigsten Regeln beim Packen ist, auf das Gewicht der einzelnen Kleidungsstücke zu achten. Eine Jeanshose ist schwerer als eine Stoffhose. Ein dicker Wollpullover braucht mehr Platz als ein Fleecepullover. Ein Paar Stiefel wiegt mehr als ein Paar Turnschuhe. Lieber die leichtere Variante einpacken!

Nächster Tipp: Ein Work-and-Travel-Aufenthalt ist keine Modenschau. Hier geht es nicht darum, wer am schicksten gekleidet ist, sondern praktisch muss es sein. Sachen, die bügelfrei sind, schnell trocknen und gut miteinander kombinierbar sind, sollten mit!

Unverzichtbar für Work & Travel ist ein Paar Trekkingschuhe. Diese sollten knöchelhoch sein, damit sie dem Fuß Stabilität geben. Trekkingschuhe sind nicht nur für Wande-

Wertsachen

Man sollte gut überlegen, welche Wertsachen man mitnehmen möchte. Leider kann nicht ausgeschlossen werden, dass diese abhanden kommen. Wichtige Dokumente sollte man entweder in einem Geldgurt tragen oder im Schließfach des Hostels verwahren.

rungen das passende Schuhwerk, sondern auch für Farmarbeit, Fruit Picking oder andere Jobs im Freien.

Weiterhin sollten ein Paar bequeme Schuhe ins Gepäck, z. B. Turnschuhe oder Sneakers, ein Paar sommerliche Schuhe wie Flip-Flops oder Sandalen (diese kann man notfalls unter der Dusche anziehen, falls es mit der Sauberkeit nicht so stimmt) – und für die, die mal ausgehen wollen, auch ein Paar schickere Schuhe, denn mit Trekkingschuhen oder Flip-Flops ist man in Neuseeland nicht überall willkommen.

Für elektrische Geräte braucht man in Neuseeland einen Adapter, da die Steckdosen dreipolig sind. Diesen kann man vor Ort kaufen, entweder gleich am Flughafen oder in diversen Geschäften in jeder Stadt (Achtung, bei den günstigsten passen manchmal die deutschen Schuko-Stecker nicht.).

Für viele Reisende hat sich die Mitnahme einer kleinen Mehrfachsteckdose bewährt. So kann man mehrere Geräte gleichzeitig nutzen bzw. aufladen und somit Zeit sparen.

Smartphone und Tablet-PC sind klein und leicht und ersetzen jede Menge Dinge auf der Packliste. Diese Alleskönner sind Wecker, Handy, Adressbuch, Reiseführer, E-Book-Reader, Kamera, MP3-Player und vieles mehr. Außerdem kann man jede Menge Apps herunterladen, die unterwegs sehr nützlich sind, z. B. Wörterbuch, Stadtpläne, Währungsumrechner oder To-Do-Listen.

Duschgel, Deo, Zahnpasta & Co kann man in Neuseeland kaufen. Also nur eine kleine Menge Kosmetik mitnehmen, die kleinen Probefläschchen aus der Drogerie sind dafür ideal: Sie reichen für die ersten Tage und man bekommt keine Probleme mit den Sicherheitsbestimmungen am Flughafen (s. Seite 75). Nach der Ankunft kann man in Ruhe für Nachschub sorgen.

3.7 Ausweispapiere und sonstige Dokumente

Ganz wichtig sind zunächst die Dokumente und Ausweispapiere, die man für die Einreise in Neuseeland braucht – Reisepass, Flugticket, Visum, Versicherungsnachweis und Bankbestätigung bzw. Kontoauszug als Nachweis für ausreichende finanzielle Mittel.

Der Reisepass ist das wichtigste Dokument! Schon bevor die Reise losgeht, wird der Ausweis zur Flugbuchung und zur Beantragung des Working-Holiday-Visums benötigt. Daher unbedingt rechtzeitig einen Blick in den Reisepass werfen, um zu prüfen, wie lange er noch gültig ist! Wer einen neuen Reisepass beantragen muss, sollte dies möglichst schnell

> **Einkaufen in Neuseeland**
>
> Die bekanntesten Marken für Outdoor-Bekleidung in Neuseeland sind Kathmandu, Mountain Design und MacPac. Diese Läden haben regelmäßig Aktionen, bei denen viele Artikel bis zu 70 Prozent reduziert sind.
>
> Für ein paar NZ-Dollar kann man normale Bekleidung in sogenannten *Op-Shops (Opportunity Shops)* kaufen. Dies sind Second-Hand-Läden von karitativen Einrichtungen wie dem Roten Kreuz (*Red Cross*), der Heilsarmee (*Salvation Army*) oder dem *SPCA* (*Society for the Prevention of Cruelty to All Animals*). Hier hat man die Chance auf gute Schnäppchen für wenig Geld.
>
> Für den, der shoppen gehen möchte, gibt es in jeder größeren Stadt Einkaufszentren oder zumindest eine Einkaufsstraße mit Modegeschäften für jeden Geschmack.

erledigen. Die Bearbeitungszeit dauert in der Regel drei bis sechs Wochen.

Wer in Neuseeland Auto fahren möchte, muss den deutschen Führerschein und zusätzlich entweder einen Internationalen Führerschein oder eine offizielle englische Übersetzung des deutschen Führerscheins bei sich haben. Damit darf man bis zu zwölf Monate in Neuseeland Auto fahren.

Den Internationalen Führerschein stellt das Straßenverkehrsamt (Führerscheinstelle) des Heimatortes aus. Für die Beantragung muss man neben seinem deutschen Führerschein den Personalausweis oder Reisepass und ein aktuelles biometrisches Passbild mitbringen. Wenn alle Dokumente vorliegen, wird der Internationale Führerschein in der Regel sofort ausgestellt. Die Bearbeitungsgebühr beträgt 15 bis 17 EUR (Stand Juni 2013).

Ungefähr 50 Jugendherbergen, in Neuseeland *Youth Hostels* oder kurz *YHA* (*Youth Hostel Association*) genannt, sind auf der Nord- und Südinsel verteilt. Reisende mit einem Jugendherbergsausweis sparen 10 Prozent pro Übernachtung. Wer noch keinen Ausweis hat, kann online die Mitgliedschaft im Deutschen Jugendherbergswerk (DJH) beantragen (www.jugendherberge.de/de/mitgliedschaft/info). Ansonsten kann man auch in Neuseeland beim Einchecken angeben, dass man Mitglied werden möchte. Informationen dazu unter www.yha.co.nz.

Nach einer Studentenermäßigung zu fragen, lohnt sich immer. Die „ISIC"-Karte (*International Student Identity Card*) ist weltweit als Nachweis für den Studentenstatus anerkannt, und oft kann man damit von zahlreichen Rabatten auf die Eintrittspreise in Museen, Kinos oder für Touristenattraktionen profitieren. Studenten können sich die ISIC an den Unis oder in verschiedenen Reisebüros gegen Vorlage einer aktuellen Immatrikulationsbescheinigung, des Personalausweises und die Einreichung eines Passfotos ausstellen lassen. Der

> ### Sicherheitskopien der Dokumente
>
> Vor der Abreise sollte man von allen wichtigen Dokumenten (Flugticket, Versicherungsunterlagen, Reisepass, Zeugnisse etc.) Kopien anfertigen und diese mitnehmen und bei einer Kontaktperson in Deutschland verwahren. Zusätzlich sollten die Dokumente eingescannt und im Internet hinterlegt werden, so dass man von überall online darauf Zugriff hat. Dazu kann man einen der zahlreichen kostenlosen Filehosting-Dienste (z. B. Dropbox) nutzen oder auch einfach eine E-Mail an die eigene E-Mail-Adresse senden und alle Dokumente als Anhang mitschicken. So sind sie elektronisch gespeichert und man hat per Webmail überall Zugriff darauf. (In diesem Fall ist darauf zu achten, dass das E-Mail-Programm so eingestellt ist, dass die E-Mails auch nach dem Abfragen auf dem Mail-Server des Providers verbleiben und nicht gelöscht werden.)

Ausweis kostet 12 EUR (Stand Juni 2013) und ist immer vom 1. September des laufenden Jahres bis zum 31. Dezember des Folgejahres gültig. www.isic.de

Wer in Neuseeland jobben will, braucht Bewerbungsunterlagen. Einen Lebenslauf in englischer Sprache kann man schon mal zu Hause vorbereiten. Wer sich hinsichtlich der Rechtschreibung und Grammatik unsicher ist, sollte eine Person mit guten Englischkenntnissen bitten, den Lebenslauf zu lesen und eventuell zu korrigieren. Wenn nötig, kann der Lebenslauf dann vor Ort passend zur Jobsuche ergänzt oder geändert werden. Achtung: Englische Lebensläufe sind anders strukturiert, als man es in Deutschland kennt.

Wer bereits eine Ausbildung oder ein Studium abgeschlossen hat und in diesem Bereich nach Jobs suchen will, sollte beglaubigte Kopien von Arbeitszeugnissen, Beurteilungen oder Empfehlungsschreiben anfertigen lassen und diese anstelle der Originale mitnehmen. Wichtig sind auch Übersetzungen dieser Dokumente!

Auch eine Übersicht mit allen wichtigen Daten muss unbedingt mit – egal, ob es sich dabei um einen handgeschriebenen Zettel oder ein Dokument auf dem Smartphone handelt! Auf diese Liste gehören die Adressen von Familie und Freunden, Bankverbindungen, Ausweisnummern, Versicherungspolicennummern sowie Telefonnummern von Kontaktpersonen bei der Versicherung, der Bank und der Botschaft und Notrufnummern für die Sperrung von Kredit- und Bankkarten.

Unterwegs ist es immer schön, wenn man ein Stückchen Heimat dabei hat. Ein paar Fotos von den Lieben daheim auf dem Handy abgespeichert oder ausgedruckt sind nicht nur dann willkommen, wenn einen vielleicht doch mal das Heimweh packt. Nicht vergessen sollte man auch die Lieblingsmusik – ob beim Autofahren, im Bus oder bei der Arbeit, mit Musik ist es einfach schöner.

> **Generalvollmacht**
>
> Wer länger unterwegs ist, sollte für eine Vertrauensperson zu Hause eine Generalvollmacht ausstellen. Falls etwas Unvorhergesehenes passiert, für das die eigene Anwesenheit nötig ist, kann die bevollmächtigte Person einspringen. Wichtig ist dabei natürlich, dass man dieser Person wirklich hundertprozentig vertraut.

3.8 Sonstige Vorbereitungen

Flug gebucht, Visum beantragt, Versicherung ausgesucht – was bleibt sonst noch zu tun? Zur Reiseplanung gehört nicht nur, alles Notwendige für die Zeit in Neuseeland zu regeln. Auch in Deutschland sollten einige Dinge erledigt werden, um unnötige Mehrausgaben zu vermeiden. Das dadurch gesparte Geld kann man dann gut in Aktivitäten in Neuseeland investieren!

Die Vorfreude auf solche Momente sollte bei der Vorbereitung nicht zu kurz kommen (Glacier Southern Lakes)

Egal, ob Zeitschriften-Abo, Mitgliedschaft im Fitnesscenter oder Bahncard – da diese Verträge während des Work-and-Travel-Aufenthaltes ungenutzt bleiben, ist es besser, sie zu kündigen. Ein Blick in die Vertragsbedingungen gibt Auskunft über die Kündigungsfristen. Eine Alternative dazu ist, Mitgliedschaften im Fitnesscenter oder im Sportverein ruhen zu lassen, oft ist dies allerdings nur für ein paar Monate möglich.

Beim Auto sollte man gut überlegen, was damit passieren soll. Verkaufen bringt zusätzliches Geld in die Reisekasse. Doch wenn man nach der Rückkehr ein neues Auto kaufen muss, gibt man vielleicht sogar mehr Geld aus. Wer sich nicht von seinem fahrbaren Untersatz trennen will, sollte diesen entweder zeitweise einer Vertrauensperson überlassen (unbedingt vorher die Details zu rechtlichen Dingen wie Versicherung und laufenden Kosten klären!) oder es z. B. bei den

Eltern unterstellen und über eine Ruheversicherung nachdenken. Um das Auto abzumelden, geht man mit den Nummernschildern sowie der Zulassungsbescheinigung Teil I und Teil II (bei älteren Autos Fahrzeugbrief und Fahrzeugschein) zur Kfz-Zulassungsstelle. Diese informiert das Finanzamt und die Versicherung über die Abmeldung des Autos. Zuviel gezahlte Kfz-Steuer wird zurückerstattet und an die Stelle des regulären Versicherungsschutzes tritt die sogenannte Ruheversicherung.

Wer seinen Handyvertrag nicht in Neuseeland nutzen möchte, sollte bei seinem Mobilfunkanbieter nachfragen, ob es möglich ist, den Vertrag ruhen zu lassen. Vor allem, wenn man seine Handynummer gern behalten möchte, ist dies eine gute Option. Während der Ruhezeit zahlt man keine Vertragsgebühren, jedoch verlängert sich die Vertragslaufzeit entsprechend der Zeit der Abwesenheit.

Was passiert mit der Wohnung oder dem WG-Zimmer, während man unterwegs ist? Im Prinzip gibt es nur drei Möglichkeiten:

- Die Wohnung oder das Zimmer behalten und während der Abwesenheit weiterhin Miete zahlen. Das ist zwar praktisch, weil man sich um das Ausziehen und Unterstellen der Möbel und anderen Dinge keine Sorgen machen muss, doch leider ist es auch die teuerste Option.
- Die Wohnung oder das Zimmer kündigen. Finanziell gesehen ist dies die günstigere Variante, jedoch ist eine Kündigung mit einem gewissen Arbeits- und Zeitaufwand verbunden. Alle Habseligkeiten müssen eingepackt, verkauft oder zwischengelagert werden. Und nach der Rückkehr beginnt die Wohnungssuche von vorn. Die perfekte Lösung also vor allem für denjenigen, der sowieso umziehen will. Achtung: Rechtzeitig den Mietvertrag wegen der Kündigungsfrist überprüfen!
- Die Wohnung oder das Zimmer untervermieten. Wer auf

jeden Fall vorhat, nach dem Auslandsaufenthalt in sein altes Leben zurückzukehren, für den ist dies die beste Lösung. Die Miete zahlt jemand anders und die Sachen können bleiben, wo sie sind (zumindest die meisten Sachen – persönliche Dinge wird sicher jeder an einem anderen Ort unterstellen wollen). Am einfachsten ist es natürlich, wenn ein Freund oder Bekannter nach einer vorübergehenden Bleibe sucht und einzieht. Ansonsten helfen Aushänge an den schwarzen Brettern der Unis oder in Cafés, Wohnungsbörsen im Internet oder auch Mitwohnzentralen bei der Suche nach einem geeigneten Zwischenmieter. Achtung: Vorher unbedingt den Vermieter fragen, ob die Untervermietung erlaubt ist! Wichtig ist außerdem, einen Untermietvertrag mit dem Zwischenmieter aufzusetzen. Dem Vermieter sollte man für den Notfall die eigene E-Mail-Adresse oder die Kontaktdetails der Eltern bzw. einer anderen Vertrauensperson angeben. Informationen und Tipps unter: www.mitwohnzentrale.de.

Wer dauerhaft aus seiner Wohnung auszieht, sollte rechtzeitig den Vertrag mit seinem Telefon- und Internetanbieter kündigen. Wird die Wohnung untervermietet, sollte vertraglich festgelegt werden, dass der Zwischenmieter diese Kosten übernimmt.

Vertrauensperson mit Überblick
Während des Auslandsaufenthaltes lässt man Vieles zurück, um das es sich im Notfall zu kümmern gilt: die Wohnung oder das Zimmer, Versicherungen, Uni-Angelegenheiten, Bankgeschäfte etc. Es ist eine gute Idee, eine Vertrauensperson aus der Familie oder dem Freundeskreis auszuwählen, die weiß, wo sich alle wichtigen Unterlagen und Dokumente befinden, und den Überblick über zu erledigende Dinge behält.

3.9 Do you speak English?

Wenn man durch Neuseeland reist und dort arbeiten will, sollte man natürlich auch über englische Sprachkenntnisse verfügen. Doch wie viel Englisch ist ausreichend?

Zur Beruhigung: In Neuseeland kommt man mit jedem Englisch-Level über die Runden. Neuseeländer sind sehr freundliche und hilfsbereite Menschen, die gern geduldig warten und zuhören, bis ein Satz formuliert ist. Ganz bestimmt machen sie dabei keinen Grammatik- und Vokabel-Check. Wichtig ist Selbstvertrauen – keine Angst vor Fehlern, denn nur durch Üben lernt man! Und immer nachfragen, wenn man etwas nicht versteht.

Niemand erwartet von Work-and-Travel-Reisenden, dass ihr Englisch perfekt ist, wenn sie in Neuseeland ankommen. Schließlich ist einer der Gründe dafür, dass sie in Neuseeland sind, gerade das Erlernen der Fremdsprache. Sicher wird am Anfang die Kommunikation etwas einseitig sein, man wird mehr zuhören als selbst reden. Aber das ändert sich nach einiger Zeit. Wer unterwegs viel und oft mit Einheimischen spricht, wird merken, dass sein Englisch schnell besser wird. Und irgendwann stellt man erstaunt fest, dass man sogar Englisch zählt, denkt oder träumt.

Für die Arbeitssuche sind gute Englischkenntnisse allerdings generell von Vorteil – wobei es hier auf die Art des Jobs ankommt: Beim *Fruit Picking* muss man keine intellektuellen Gespräche führen, jedoch sollte man, wenn man in einem Café oder an der Rezeption arbeitet, die englische Sprache gut beherrschen.

Wie wird mein Englisch besser?
Einfache Antwort: reden, reden, reden. Je mehr man mit englischsprachigen Reisenden oder Einheimischen spricht, desto schneller wird man Fortschritte feststellen. Was auch hilft, ist

englische Zeitungen, Bücher oder Blogs zu lesen oder englischsprachige Fernsehsendungen oder Filme gucken.

Eine weitere Option besteht darin, gleich nach der Ankunft in Neuseeland einen Sprachkurs zu besuchen. Anbieter dafür finden sich in jeder größeren Stadt und viele Sprachschulen haben sogar spezielle Kurse für Work-and-Travel-Reisende im Programm.

Im Backpackeralltag wird man Reisende aus aller Herren Länder treffen – Englisch ist die Universalsprache, um ins Gespräch zu kommen. Andererseits finden sich auch genug andere Backpacker aus Deutschland, mit denen man zur Abwechslung mal wieder in der Muttersprache reden kann.

3.10 Reiseroute und Reisezeit

Während manche ihre Reiseroute gern im Voraus bis ins kleinste Detail planen, lieben andere die Spontaneität und überlassen alles dem Zufall. Die Realität für Work-and-Travel-Reisende liegt irgendwo dazwischen.

Jeden Tag akribisch genau zu planen ist bei einem Work-and-Travel-Aufenthalt unmöglich. Es gibt zu viele Unsicherheitsfaktoren. Wer weiß schon vorher, wann und wo er einen Job findet? Wer kann sich schon sicher sein, ob es ihm in einer bestimmten Stadt gefällt?

Wer Work & Travel macht, muss sich darauf einstellen, dass sich viele Dinge wohl oder übel erst vor Ort bzw. unterwegs entscheiden werden. Trotzdem ist es gut, sich über einige Fragen im Voraus klar zu werden. Welche Regionen will ich in Neuseeland bereisen? Welche Aktivitäten möchte ich unbedingt unternehmen? In welchen Jobs kann ich arbeiten?

Um nicht völlig planlos aufzubrechen, sollte man sich mithilfe eines Reiseführers eine grobe Reiseroute überlegen. Alles Weitere wird sich dann vor Ort ergeben.

Tabelle: Durchschnittliche Temperaturen und Niederschläge

Temperatur				Ort	Niederschlag			
Durchschnitt in °C					Durchschnitt in mm			
Jan.	Apr.	Juli	Okt.		Jan.	Apr.	Juli	Okt.
20	16	11	15	Auckland	79	103	141	89
17	12	6	12	Christchurch	46	53	68	44
16	12	6	11	Dunedin	74	74	56	58
19	14	8	12	Wellington	78	107	142	99

Welches die beste Reisezeit ist, hängt ganz von den eigenen Plänen ab. Die wärmsten Monate in Neuseeland sind November bis April. Dies ist aber auch die Zeit, zu der die meisten Touristen unterwegs sind. Im Januar sind wegen der Sommerferien zusätzlich auch noch die meisten Einheimischen unterwegs. Die Nebensaison ist im Oktober/November und im April/Mai. Zwar sind dann die Temperaturen kühler, doch dafür sind weniger Touristen im Lande und die Preise für Übernachtungen und Aktivitäten sind günstiger. Für Schnee-Fans sind die Monate Juni bis September die ideale Reisezeit. In den Skigebieten gibt es jede Menge Schnee und Jobs. Allerdings sind während der Wintermonate einige Unterkünfte geschlossen, und bestimmte Aktivitäten können nicht unternommen werden.

3.11 Informationen über Neuseeland und Work & Travel

Reiseführer, Zeitschriften, Fernsehreportagen und natürlich das Internet – es gibt jede Menge Informationen über Neuseeland. Für die Vorbereitung auf den Work-and-Travel-Aufenthalt ist ein Mix aus Reiseführer und Internetseiten empfehlenswert. Der Reiseführer hilft bei der Planung der Route

Der Mount Taranaki, ein perfekter Vulkankegel, überragt die Ebene an der Südwestküste der Nordinsel

und gibt Informationen zu Unterkünften und Aktivitäten. Am besten ist es, sich einen Reiseführer in englischer Sprache zu besorgen – damit entfällt das lästige Hin- und Herübersetzen vor Ort und man lernt gleich die Sprache.

Das Internet bietet einen unerschöpflichen Vorrat an Informationen. Was immer man wissen will, findet man garantiert auf irgendeiner Webseite. Doch Vorsicht, gerade bei organisatorischen Fragen sollte man sicher sein, dass die Informationen auf dem aktuellsten Stand sind und von einer vertrauenswürdigen Quelle stammen.

Zu den Themenbereichen Neuseeland und Work & Travel findet man viele Ratschläge und nützliche

Links Work & Travel

www.reise-forum.weltreiseforum.de
www.workandtravelforum.siteboard.de
www.reisebineforum.de
www.globalzoo.de/forum

Tipps in Internetforen. Dort kann jeder, der einen Account einrichtet, seine Fragen stellen und hoffen, dass diese von erfahrenen Reisenden beantwortet werden. Ein gutes Forum erkennt man daran, dass ein reger Gedankenaustausch stattfindet, an dem sich viele Mitglieder beteiligen, die wissen, wovon sie reden, da sie eigene Erfahrungen beim Work & Travel in Neuseeland gesammelt haben.

Wer mit dem Auto unterwegs ist, sollte auf jeden Fall Geld in einen Autoatlas investieren. Diesen kauft man am besten direkt in Neuseeland, das spart Gewicht im Koffer und Geld. Beim Kauf sollte man auf Spiralbindung achten, die zum problemlosen Aufschlagen des Atlasses sehr praktisch ist.

Über Neuseeland gibt es auch jede Menge sogenannter „Special Interest"-Bücher, die ausführlich ein ganz bestimmtes Thema behandeln: So können Wanderfreunde, „Herr der Ringe"-Fans oder Radsportler ihren speziellen Reiseführer kaufen. Eine große Auswahl gibt es in Neuseeland in den Buchläden oder Souvenirshops.

Neuseeländische Literatur

Schmöker für unterwegs: Seitenweise spannende Lektüre bieten diese Werke neuseeländischer Autoren.

Alan Duff: Warriors (Once were Warriors) – Ein schonungslos ehrlicher Bericht über das Leben einer Maori-Familie in einem Sozial-Ghetto in Auckland. Regt zum Nachdenken an.

Witi Ihimaera: Whale Rider – Ein Mädchen, das sich gegen die Stammestraditionen auflehnt. Zauberhaft anrührende Geschichte und gute Einführung in die Mythen und Traditionen der Maori.

Keri Hulme: Unter dem Tagmond (The Bone People) – Eine Malerin, ein Maori, ein stummes Kind – drei wurzellose Seelen, die der Zufall zusammenführt. Ein Buch, das verstört, unter die Haut geht und einen nicht mehr loslässt.

4 | Endlich geht's los

4.1 Tipps für den langen Flug

Endlich ist er da, der Tag der Abreise! Neben all der Vorfreude ist wahrscheinlich auch ein wenig Abschiedsschmerz dabei. Das ist normal, schließlich lässt man sein gewohntes Leben mit Familie und Freunden für eine ganze Weile zurück. Im Flieger steigt dann mit jeder Stunde die Aufregung angesichts dessen, was vor einem liegt. Die Erwartungen sind hoch, die Spannung steigt.

Doch erst mal muss man nach Neuseeland kommen. Hier ein paar Tipps, wie man den langen Flug möglichst angenehm und stressfrei gestalten kann:

- Perfektes Timing! Man sollte rechtzeitig am Flughafen sein, um unnötigen Stress zu vermeiden. Wenn das Gepäck eingecheckt ist, hat man genügend Zeit zum Abschiednehmen, zum Einkaufen im Duty-Free-Bereich oder zum Entspannen.
- Bequeme Kleidung! Um das stundenlange Sitzen so angenehm wie möglich zu machen, sollte man darauf achten, luftig sitzende Kleidung zu tragen, die nirgends einschneidet und einengt. Ein lockerer „Zwiebellook" ist perfekt, so kann man sich je nach Temperatur an- oder ausziehen.
- Online-Check-in! Viele Fluggesellschaften bieten diesen Service etwa 24 Stunden vor dem Abflug. Passagiere können über das Internet einchecken, einen bevorzugten Sitzplatz auswählen und die Bordkarte ausdrucken. Am Flughafen wird nur noch das Gepäck abgegeben. Leider ist der Online-Check-in nicht für jeden Flug verfügbar, daher vorher bei der Airline nachfragen.
- Richtiges Handgepäck! Jede Fluggesellschaft hat eigene Bestimmungen zum Handgepäck, deren Einhaltung gerade in letzter Zeit oft streng kontrolliert wird. Als Handge-

> **Flüssigkeiten im Flieger**
> Zahnpasta, Cremes & Co. nur max. 100 ml. Alle Flüssigkeiten müssen in einer durchsichtigen, wieder verschließbaren Plastiktüte aufbewahrt werden, die ein Fassungsvermögen von max. einem Liter hat. Diese Tüte muss beim Röntgen separat vorgezeigt werden.

päckstück eignet sich ein kleiner Tragerucksack, der mit dem Nötigsten gefüllt wird – Reisedokumente, Wechselkleidung, Buch, Musik, Kosmetik etc. Viele nehmen zum Schlafen ein aufblasbares Nackenkissen und Ohrenstöpsel mit. Auch Snacks wie Müsliriegel, Nüsse oder Kekse sollten für den kleinen Hunger zwischendurch oder falls das Essen im Flugzeug nicht schmeckt ins Handgepäck.

- Ausreichend bewegen! Durch das lange Sitzen mit angewinkelten Beinen verschlechtert sich der Blutfluss in den Venen, was zu schweren Beinen und im schlimmsten Fall zu Thrombosen führen kann. Viel Bewegung ist daher wichtig. Während des Fluges sollte man öfter aufstehen und durch die Gänge laufen, um die müden und steifen Glieder zu lockern. Faustregel: einmal pro Stunde aufstehen. Zwischendurch hilft eine Wadenmassage, dabei kräftig von den Knöcheln zum Knie streichen. Die Fluggesellschaften halten Informationen zu Gymnastik an Bord bereit, die Übungen kann man regelmäßig im Sitzen machen.
- Viel trinken! An Bord ist die Luftfeuchtigkeit sehr gering, was den Körper austrocknet und müde macht. Reichlich trinken, am besten jede Stunde ein Glas Wasser oder verdünnten Fruchtsaft, hilft Abgeschlagenheit zu vermeiden und kann Jetlag vorbeugen.
- Unterhaltung pur! Nichts ist schlimmer als Langeweile, weil dann die Zeit gar nicht vergeht. Zum Glück haben die meisten Airlines ein gutes Unterhaltungsprogramm mit jeder Menge Filmen, Musik und Spielen. Der lange Flug ist auch eine gute Gelegenheit, endlich den Reiseführer durchzulesen und die Route zu planen – oder zu schlafen.

Ein Flugzeug der Air New Zealand mit dem maorischen Koru-Symbol am Heck

Hilfe, Jetlag! Nach dem langen Flug ist das Zeitgefühl ziemlich durcheinander, man ist tagsüber müde und mitten in der Nacht munter. Der Jetlag hat zugeschlagen! Da hilft nur, sich möglichst schnell an den Tagesrhythmus und die örtliche Zeit in Neuseeland anzupassen. Man sollte die Uhrzeit akzeptieren, die auf der Uhr steht und nicht überlegen, wie spät es in Deutschland wäre. Nach ein paar Tagen ist der Jetlag vorüber.

4.2 Einreise: Passenger Arrival Card und Biosecurity

Gegen Ende des Fluges wird vom Bordpersonal die *Passenger Arrival Card* ausgeteilt. Diese muss ausgefüllt und bei der Passkontrolle vorgezeigt werden. Neben den persönlichen Daten werden Fragen zur Reisedauer, zum Grund der Reise, zu Zollgütern und zur biologischen Sicherheit gestellt.

Das Wichtigste ist, alle Fragen ehrlich zu beantworten! Zwar sind die Neuseeländer nette und entspannte Leute, aber wenn es um die Biosicherheit des Landes geht, verstehen sie keinen Spaß. Denn durch eingeführte Güter kann die einzigartige Flora und Fauna Neuseelands gefährdet werden. Schließlich sind die meisten Schädlinge, die es der neuseeländischen Natur heute schwer machen, auf die eine oder andere Weise von außen eingeschleppt worden. Deshalb kontrolliert das MAF (*Ministry of Agriculture and Forestry*) streng und gründlich bei jeder Einreise.

> ### Passenger Arrival Card deutsch
>
> Im Flugzeug wird nur die englische Version der *Passenger Arrival Card* verteilt. Eine deutsche Version kann man vor der Abreise aus dem Internet laden, ausdrucken und schon mal ausfüllen, um sie als Mustervorlage für das englische Formular zu verwenden.
>
>
>
> **QR CODE**: Die deutsche Version der *Passenger Arrival Card*. (Pdf, 87 KB)
> **www.biosecurity.govt.nz/files/enter/personal/passenger-arrival-card/german.pdf**

Es ist verboten, frische Nahrung jeglicher Art mitzubringen. Dazu gehört z. B. Obst, das man im Flugzeug nicht aufgegessen hat oder der eingeschweißte Schinken, den man sich als Leckerbissen mitnehmen wollte. Mitgebrachte Wanderschuhe sowie Camping- und Sportausrüstung werden auf Erdreste kontrolliert und gegebenenfalls gesäubert. Beim Ausfüllen der Card sollte man lieber übergenau sein und im Zweifel einen MAF-Mitarbeiter am Flughafen fragen, ob bestimmte mitgebrachte Güter erlaubt sind. Wegen Gummibärchen in eingeschweißten Tüten oder ungeöffneten Schokoladentafeln bekommt man normalerweise keine Probleme.

Zu versuchen, verbotene Dinge einzuschmuggeln, ist nicht zu empfehlen. Verstöße werden mit Bußgeldern in Höhe von bis zu 100.000 NZD bestraft. Wer beim Verlassen des Flugzeuges noch immer frische Nahrungsmittel oder andere Dinge, die nicht eingeführt werden dürfen, bei sich hat, sollte diese in die bereitstehenden Abfalltonnen werfen.

Im Ankunftsbereich beschnüffeln speziell trainierte Hunde das Gepäck der Reisenden und spüren alles Verdächtige garantiert auf. Doch keine Panik – nicht immer, wenn der Hund bellt, heißt das, dass etwas Verbotenes in der Tasche steckt.

> **Richtig deklarieren**
>
> Wer sich vor der Abreise schlau machen möchte, was man mitnehmen darf und was zu Hause bleiben sollte, kann sich auf der Webseite des *MAF* informieren. www.biosecurity.govt.nz/enter/personal
>
> **QR CODE**: Die Broschüre des *MAF Declare or Dispose* erklärt, welche Produkte bei der Einreise angegeben werden müssen. (Pdf, 1,7 MB)

4.3 Vom Flughafen in die Stadt

Nachdem die Einreiseprozedur überstanden ist, kann das Abenteuer beginnen. Kia Ora und herzlich Willkommen in Neuseeland! Sobald sich die Türen der Ankunftshalle hinter einem schließen, geht es richtig los. Diejenigen, die mit einer Organisation reisen oder ein *Starter Package* gebucht haben, werden vom Flughafen abgeholt und in den ersten Tagen betreut. Alle anderen sind auf sich gestellt.

Flugreisende kommen entweder in Auckland oder in Christchurch an. In beiden Städten gibt es verschiedene Möglichkeiten, vom Flughafen zur Unterkunft zu kommen.

Auckland

Der größte Flughafen des Landes befindet sich am Stadtrand von Auckland, circa 20 km südlich vom Zentrum. Am besten

Der internationale Flughafen von Auckland

kommt man mit dem Bus oder dem Super Shuttle in die Innenstadt.

Die billigste Option ist der *Airbus*. Dieser verkehrt rund um die Uhr und an jedem Tag des Jahres. Montags bis freitags fährt der Bus tagsüber alle 10 Minuten direkt vor dem Flughafengebäude ab (eingeschränkte Fahrtzeiten gelten nachts und an den Wochenenden). Es gibt zwei Routen: eine über die Mt Eden Road, die andere über die Dominion Road. Auf beiden Strecken gibt es zahlreiche Stopps. Wer wissen will, welche Route er nehmen und wo er aussteigen muss, nutzt am besten den „Bus Stop Finder" auf der Airbus-Website (in der Navigation unter „Getting On/Off"). Die Fahrt kostet 16 NZD (Stand Mai 2013) und dauert 40 bis 50 Minuten bis ins Stadtzentrum. Fahrkarten können direkt beim Fahrer (nur Bargeld!), am Fahrkartenschalter oder online über die Website gekauft werden. Informationen und Fahrpläne unter www.airbus.co.nz.

Die andere Variante günstig in die Stadt zu kommen heißt *Super Shuttle*: Mini-Vans mit Anhänger bieten Platz für mehrere Passagiere und genügend Gepäck. Auch Sondergepäck wird gegen Aufpreis mitgenommen. Der Super Shuttle fährt rund um die Uhr und jeden Tag. Der Fahrpreis richtet sich nach der Anzahl der mitfahrenden Leute und nach dem Stadtteil, wo man abgesetzt werden möchte. Wenn man auf dem Flug oder am Flughafen andere Work-and-Travel-Reisende kennengelernt hat, lohnt es sich auf jeden Fall, gemeinsam mit dem Shuttle zu fahren, wenn man dasselbe Ziel hat. Der Fahrpreis bis zur Station Auckland Central kostet z. B. für eine Person 35 NZD (Stand Juni 2013) und wird direkt beim Fahrer entrichtet. Der Vorteil des Shuttle-Services besteht darin, dass man direkt vor der Hosteltür abgesetzt wird. Der Nachteil ist, dass die Shuttle-Fahrer oft recht lange am Flughafen warten, bis noch ein paar mehr Fahrgäste zugestiegen sind. Informationen und Tarifrechner unter www.supershuttle.co.nz.

Christchurch

Der Flughafen befindet sich etwa 12 km nordwestlich der Stadt. Die Fahrt dauert circa 30 bis 40 Minuten. Derzeit gibt es zwei Buslinien, die vom Flughafen in die Innenstadt zur Central Station (Linie 29) bzw. in Richtung Stadtteil Sumner (Linie 3) fahren. Auf der Strecke gibt es diverse Stopps. Abfahrten sind etwa alle 15 bis 30 Minuten. Fahrpläne, Preise und Routenplaner unter www.metroinfo.co.nz.

Super Shuttle fährt auch in Christchurch. Die Fahrt vom Flughafen bis zur Station Christchurch Central kostet 24 NZD (Stand Mai 2013). Billiger wird's auch hier in der Gruppe. Informationen unter www.supershuttle.co.nz.

4.4 Ankommen in einer fremden Stadt – was nun?

Mit Auckland oder Christchurch ist es wie mit jeder großen Stadt: Einige lieben es, andere hassen es. Manche wollen so schnell wie möglich weiter, andere bleiben gern ein paar Tage.

Wie auch immer man sich entscheidet, die ersten Tage sollten genutzt werden, um erst mal anzukommen und auch, um einige Formalitäten zu erledigen.

Es ist eine gute Idee, sich gleich für ein paar Tage in einem Hostel einzumieten. Zum einen schafft man damit Vertrautheit, weil man ein Zuhause hat, zu dem man immer wieder zurückkehrt. Zum anderen kann man diese Unterkunft bei der Erledigung des anstehenden Papierkrams als Postadresse angeben.

Sicher werden die ersten Tage komisch sein. Ein fremdes Heim, ein anderes Bett, eine ungewohnte Sprache, jede Menge unbekannte Leute und viele neue Eindrücke. Man realisiert nach und nach, dass man am anderen Ende der Welt angekommen ist und einem nun alle Möglichkeiten offen stehen. Alles kann passieren. Man kann tun und lassen, was man will. Man trifft seine eigenen Entscheidungen.

Auf geht's, nun müssen ein paar Dinge erledigt werden – Steuernummer beantragen (Seite 102), Bankkonto eröffnen (Seite 99), Handy-Karte besorgen (Seite 95), Lebensmittel einkaufen (Seite 90), Kontakte knüpfen, Pläne schmieden und Spaß haben!

Einleben leicht gemacht!

Gegend erkunden – den nächstgelegenen Supermarkt finden, einen schönen Park, das Kino, einen netten Pub etc.

Rituale schaffen – der morgendliche Capuccino im Café um die Ecke, der Spaziergang am Strand bei Sonnenuntergang, die halbe Stunde Joggen.

Leute treffen – offen sein und andere Reisende ansprechen, in der Lounge mit anderen Gästen abhängen, statt sich im Zimmer zu verkriechen.

5 | Das Abenteuer beginnt

5.1 Vorsicht Kulturschock!

Es lässt sich kein Job finden, man versteht den neuseeländischen Dialekt nicht und nirgends trifft man nette Leute! Für einige Work-and-Travel-Reisende folgt nach der anfänglichen Euphorie die Ernüchterung. Aus Aufregung, Neugier und Freude werden Unsicherheit, Antriebslosigkeit und Heimweh. „Warum bin ich eigentlich hier?", werden sich manche fragen. Dieses Phänomen wird als Kulturschock bezeichnet. Man ist verwirrt, weil in Neuseeland viele Dinge anders sind, als man es von zu Hause kennt und gewohnt ist, seien es die Sprache, das Essen, der Kleidungsstil, die Lebensweise oder ganz alltägliche Sachen wie das Abheben von Geld am Automaten oder der Einkauf im Supermarkt. Man fühlt sich einsam, verunsichert und irgendwie fehl am Platz.

So ein Kulturschock ist ganz normal und geht vorbei. Es braucht einfach ein bisschen Zeit, sich auf die neue und fremde Umgebung einzulassen und noch ein wenig länger, sich dort wohl zu fühlen. Wichtig ist, jetzt nicht den Kopf in den Sand zu stecken, sondern für alles offen zu sein.

Man sollte immer daran denken, dass es gerade diese Kulturunterschiede sind, die das Reisen zu dem machen, was es ist – ein riesiges Abenteuer, bei dem man Neues entdeckt, Dinge über sich selbst und andere lernt und unvergessliche Erlebnisse hat!

Was hilft bei Kulturschock?

- Offen sein und sich auf Gespräche mit anderen Leuten einlassen, um so besser Englisch zu lernen, neue Leute zu treffen und Tipps für den Backpacker-Alltag zu bekommen
- Bewusst die Kultur in Neuseeland erfahren – typische Gerichte essen, andere Sportarten und Freizeitaktivitäten ausprobieren und fremde Traditionen erleben

- Ein Tagebuch führen, in dem man alles, was man erlebt und was einen beschäftigt, ehrlich aufschreibt
- Positiv denken! Man ist mit diesen Gefühlen nicht allein, viele Reisende machen diese Phase durch
- Auch mental in Neuseeland ankommen, also nicht ständig E-Mails checken und jeden Abend mit Freunden und Familie telefonieren
- Die Gegebenheiten vor Ort so akzeptieren, wie sie sind, und sie nicht bewerten oder gar verurteilen, nur weil sie anders sind

5.2 Kiwi Slang

Es kann frustrierend sein, wenn man meint, dass man gut Englisch spricht, und dann kommt man nach Neuseeland und versteht gar nichts. Englisch ist eben nicht gleich Englisch.

Das neuseeländische Englisch ist zwar britisch geprägt, doch im Laufe der Jahre hat sich das Kiwi-Englisch zu einer Sprache mit eigenen Besonderheiten entwickelt. Das betrifft vor allem die Aussprache und den Wortschatz. Vokale und Silben werden in die Länge gezogen, z. B. *reeeeed* statt *red*. Außerdem nuschelt der Kiwi recht gern, was das Verstehen nicht gerade vereinfacht. Wörter werden abgekürzt, z. B. *ta* statt *thank you* oder *arvo* statt *afternoon*. Oft werden Begriffe verniedlicht, indem ein y oder ie angehängt wird, z. B. *kindy* statt *kindergarten* oder *undies* statt *underwear*. Auffällig ist auch das am Satzende angehängte *eh* (wird ausgesprochen wie der Vokal bei *may*). Dies ersetzt *isn't it*, *wasn't it* usw., z. B. in: "That's it, eh?"

Viele Wörter, die zum Kiwi-Alltag gehören, werden in anderen englischsprachigen Ländern nicht verwendet – analog zu den Dialekten, die etwa in Deutschland in unterschiedlichen Regionen gesprochen werden und bei Nicht-Einheimischen zu Verständigungsschwierigkeiten führen. Mit der Zeit bekommt man aber ein Gehör für das neuseeländische Englisch und übernimmt sogar selbst einige Eigenheiten. Also keine Panik, an den Kiwi-Dialekt gewöhnt man sich sehr schnell! Bester Trick: Mit den Einheimischen reden! Die Neuseeländer nehmen es einem nicht übel, wenn man nachfragt, falls man etwas nicht verstanden hat. Sie wiederholen es auch gern noch zwei- oder dreimal. Und spätestens nach ein paar Wochen merkt man, dass man Englisch doch nicht verlernt hat.

Liste einiger typischer Ausdrücke	
arvo	Nachmittag
awesome	super, gut
bach	Ferienhaus
barbie	Barbeque
big OE	Overseas Experience, langer Überseeaufenthalt
bloke	Kerl, Typ
brekkie	Frühstück
Bring a Plate	einen Teller mit Essen mitbringen
bro	männlicher Freund
bugger	Mist!
cheers	danke
chick	Freundin
cuppa	Tasse Tee oder Kaffee
cuz	Cousin oder Freund
dairy	Eckladen
G'day, Gidday	Guten Tag
Good as gold	Alles bestens
groceries	Lebensmittel

Liste einiger typischer Ausdrücke (Fortsetzung)	
hottie	Wärmflasche oder attraktive Person
knackered	extrem müde
koha	Spende
mate	ein Freund
no worries	kein Problem
pop in	auf einen Besuch vorbeischauen
see ya (later)	tschüß, bis später
she'll be right	Alles wird gut
sleepout	kleiner Bungalow im Garten, der als zusätzliche Übernachtungsmöglichkeit angeboten wird
sweet as	super
ta	danke
tea	Tasse Tee oder Abendessen
togs	Badesachen
tramping	wandern
ute (utility vehicle)	Pickup auf PKW-Basis
veges	Gemüse

Jede Menge weiterer Wörter und Begriffe gibt es hier: www.newzealandslang.com

5.3 Dos & Don'ts: Neuseeländische Sitten und Gepflogenheiten

Dass die meisten Neuseeländer sehr freundlich, offen und zuvorkommend sind, werden Reisende gleich bei der Ankunft am Flughafen merken. Damit das auch so bleibt, hier ein paar Tipps und Hinweise, damit niemand in Fettnäpfchen tritt.

In Neuseeland wird Englisch und Maori gesprochen. Letzteres wird einem unterwegs immer wieder begegnen – auf

Straßenschildern, in öffentlichen Einrichtungen oder auf Anmeldeformularen. Doch keine Angst, als Work-and-Travel-Reisender muss man deswegen nicht auch die Sprache der Ureinwohner lernen – die englische Version steht meistens dabei. Ohnehin wird in der Öffentlichkeit und im Alltag nicht sehr oft Maori gesprochen, sondern hauptsächlich bei traditionellen Zeremonien und Ritualen.

Wichtig ist, der Kultur der Maori mit Respekt zu begegnen. Es gibt Regeln, an die sich jeder halten sollte. So gehört es sich etwa, immer um Erlaubnis zu fragen, wenn man Maori oder ihre Stätten, z. B. ein *marae*, fotografieren möchte. Jedes *marae* hat seine eigenen Regeln, was das Fotografieren von Räumlichkeiten, Schätzen oder Kunstwerken angeht. Besonders bei den kunstvoll geschnitzten Masken sehen es die Maori nicht gern, wenn sie fotografiert werden, da nach ihrem Glauben das Fotografieren den Dingen die Seele raubt. Wer ein *marae* betreten möchte, muss vorher die Schuhe ausziehen. Weiterhin mögen es Maori nicht, wenn man auf dem Tisch sitzt, da dies als unsauber gilt. Ein absolutes Tabu ist das Betreten von Land, das als heilig (*tapu*) gilt.

Oft wird man als Reisender in Neuseeland angesprochen und nach dem Befinden, den Erlebnissen und den Plänen gefragt – die Kiwis sind wissbegierig und plaudern gern. Eine gute Chance zum Verbessern der Englischkenntnisse! Schnell wird aus dem Smalltalk eine Einladung zum Barbecue. In diesem Zusammenhang fällt dann oft der Satz „Bring a Plate". Dies bedeutet nicht etwa, dass die Gastgeber kein Geschirr im Hause haben oder zu faul zum Abwaschen sind. Vielmehr ist es üblich, als Gast etwas zum Essen beizusteuern, z. B. einen Salat, Fleisch oder ein paar Würstchen. Ein keines Gastgeschenk wie Blumen, Pralinen oder eine Flasche Wein sind gern gesehen, werden aber nicht unbedingt erwartet.

Die Hauptmahlzeit der Kiwis ist das Abendessen. Das mag für deutsche Mägen am Anfang ein wenig ungewohnt sein, ergibt aber im Arbeitsalltag Sinn, denn wer hat mittags schon Zeit für eine große Mahlzeit? Zum *lunch* gibt es daher Kleinigkeiten wie ein belegtes Sandwich, Sushi oder herzhafte Muffins. Damit der Magen bis zum Abend durchhält, wird am Nachmittag eine Pause zum *afternoon tea* eingelegt, bei dem man süße Sachen verzehrt. Wer eine Einladung zum *tea* erhält, wird übrigens nicht am Nachmittag erwartet, sondern zum *dinner*. Es sei denn, jemand lädt zu *a cup of tea* oder *cuppa* ein, dann ist tatsächlich eine Tasse Tee gemeint.

Bei aller Freundlichkeit und Offenheit gibt es einige Dinge, die Neuseeländer gar nicht mögen. So können manche z. B. schlecht mit Kritik umgehen. Neuseeländer tendieren dazu, kritische Bemerkungen lieber „durch die Blume", in abgeschwächter Form und freundlich verpackt zu sagen, damit sich der Angesprochene nicht persönlich angegriffen fühlt. Die typisch deutsche Direktheit kommt nicht immer gut an.

Und das Wichtigste: Kiwis sind sehr stolz auf ihr Heimatland. Dementsprechend hört man es ungern, wenn Neuseeland in einem Atemzug mit Australien genannt wird, als ob es sich um ein und dasselbe Land handelt. Schließlich ist Australien nur der Nachbar.

Bitte nicht!

- Rauchen ist in Kneipen, Restaurants sowie in öffentlichen Verkehrsmitteln und öffentlichen Gebäuden verboten. Oft bieten diese Orte einen Außenbereich, den Raucher nutzen können.
- Das klare Wasser verleitet zwar dazu, aus den Flüssen zu trinken, dennoch sollte es vorher abgekocht oder chemisch gereinigt werden. Einige Gewässer in Neuseeland sind mit dem einzelligen Parasiten Giardia infiziert, der über das

Das Abenteuer **beginnt**

  Wasser in den Körper aufgenommen wird und Durchfall auslöst.
- Das Victory-Zeichen mit erhobenem Zeige- und Mittelfinger wird in Neuseeland als Beleidigung aufgefasst, wenn der Handrücken nach vorn zeigt. Diese Geste wird genutzt, um Wut und Ärger auszudrücken.
- Jemandem den ausgestreckten Mittelfinger zu zeigen, wird als extrem unhöflich angesehen. Ebenso das Fluchen in der Öffentlichkeit.
- FKK und Oben-ohne-Sonnenbaden wird nur an einsamen Plätzen geduldet, an belebten Stränden jedoch nicht gern gesehen.
- Meckern, vordrängeln und schubsen mögen Neuseeländer nicht, da wird der gutmütigste Kiwi ungehalten.
- Trinkgeld zu geben ist nicht üblich. In einigen Cafés stehen jedoch *tipping jars* auf der Theke, in die man sein Wechselgeld werfen kann, wenn man zufrieden ist.

Auf jeden Fall!

- Die typische Begrüßung ist das Händeschütteln und ein freundliches „Hi" oder „Hello". Danach redet man sich mit den Vornamen an.
- Höflichkeitsfloskeln wie „thank you" oder „excuse me" werden in Neuseeland sehr oft verwendet.
- Auf Wanderungen immer auf den Wegen bleiben, die zum Schutz von Natur und Tieren angelegt wurden.
- Links bleiben! In Neuseeland herrscht überall Linksverkehr.
- *BYO* (*Bring Your Own*) – Restaurants ohne Ausschankgenehmigung erlauben das Mitbringen von eigenen alkoholischen Getränken. Oft wird dann eine obligatorische Gebühr für das Öffnen der Flaschen und für die Gläser berechnet.

- In den meisten Cafés ist Selbstbedienung, zumindest was das Bestellen der Getränke und Speisen angeht. Es wird gleich bezahlt, man bekommt eine Nummer, die man auf seinen Tisch stellt, und das Bestellte wird wenig später gebracht.
- In Cafés und Restaurants steht immer Leitungswasser zum Trinken bereit, das man sich nehmen kann. Es wird nicht erwartet, dass man zum Essen ein weiteres Getränk bestellt.
- Freundlich sein! Unterwegs auf der Straße, auf einer Wanderung oder im Bus – es ist nicht unüblich, dass man von völlig fremden Menschen gegrüßt wird. Als Antwort kommt zumindest ein kurzes Nicken oder ein Lächeln sehr gut an.

5.4 Geschäfte, Post, Supermärkte

Jede größere Stadt in Neuseeland hat eine Einkaufsstraße mit einigen Geschäften, mindestens einem Supermarkt und einer Post. Die Geschäfte sind meistens ein bunter Mix aus Klamotten-, Bücher-, Elektronik-, Outdoor-Ausrüstungs-, Schreibwarenläden etc. Die Öffnungszeiten können von den Läden bestimmt werden, weshalb sie teilweise sehr variieren. Unter der Woche sind die meisten Shops von 9 bis 17 Uhr geöffnet. In den kleineren Städten haben viele Läden samstags nur bis mittags auf und sonntags gar nicht. In den größeren Städten kann man sieben Tage die Woche einkaufen.

Die *PostShops* in Neuseeland bieten einen umfangreichen Service. Hier kann man nicht nur Briefmarken kaufen und Pakete verschicken, sondern auch eine IRD-Nummer beantragen (Seite 102), sein Auto an-, ab- oder ummelden (Seite 156), eine *HANZ Card* (siehe Kap. 5.8) bestellen, eine *ISIC* bekommen (Seite 64) oder Passfotos machen lassen. Kunden

Neuseeländische Briefkästen für zwei Geschwindigkeiten

der Kiwibank können im *PostShop* ihre Geldgeschäfte erledigen. *PostShops* haben außerdem einen Geldautomaten, an dem man jederzeit Geld ziehen kann. Die Öffnungszeiten der Post-Läden sind örtlich verschieden, in den meisten Fällen sind sie montags bis freitags von 8.30 bis 17.30 Uhr und samstags von 9 bis 13 Uhr geöffnet und sonntags geschlossen. Informationen zu Öffnungszeiten, Niederlassungen und Serviceleistungen unter www.nzpost.co.nz.

Einen „Portofinder" (*rate finder*) gibt es unter www.nzpost.co.nz/tools/rate-finder. Hier kann man Maße und Gewicht des Paketes eingeben und erhält eine Übersicht mit den verschiedenen Preisoptionen. So kann man eventuell noch etwas ein- oder auspacken, bevor man es zur Post bringt. Der Portopreis richtet sich nach dem tatsächlichen Gewicht und ist in 10-Gramm-Schritten gestaffelt.

Post-Broschüre

QR CODE: Die New Zealand Post hat eine Broschüre mit Informationen zum Verschicken von Briefen und Paketen ins Ausland herausgegeben. (Pdf, 2 MB)

> **Pakete nach Hause schicken**
>
> Für das Versenden von Paketen gibt es folgende Optionen:
> - *International Economy*, Laufzeit circa 10 bis 25 Arbeitstage – die günstigste Option, wenn es nicht darauf ankommt, wie lange das Paket unterwegs ist
> - *International Air*, Laufzeit circa 3 bis 10 Arbeitstage – etwas teurer als Economy, dafür schneller
> - *International Economy Courier*, Laufzeit circa 2 bis 6 Arbeitstage – per Kurier, Empfänger muss unterschreiben
> - *International Express Courier*, Laufzeit circa 1 bis 5 Arbeitstage – per Kurier, schnellste und teuerste Option, Empfänger muss unterschreiben

Die größten Supermarkt-Ketten sind *Countdown*, *Pak'n Save* und *New World*. Daneben gibt es kleinere Märkte wie *Fresh Choice*, *SuperValue* oder *Four Square*. Die großen Einkaufstempel befinden sich in Regionen mit einem großen Einzugsgebiet. In den kleineren Ortschaften findet man hauptsächlich „Four Square"-Märkte. Preismäßig gilt hier die Faustregel: Je kleiner der Markt, desto teurer die Produkte.

Lebensmittel sind in Neuseeland fast durchweg teurer als in Deutschland. Vor allem für Milchprodukte zahlt man deutlich mehr, da die Landwirtschaft nicht wie in Europa staatlich subventioniert wird. Der billigste Supermarkt ist laut Testkäufen der neuseeländischen Verbraucherschutzorganisation *Consumer NZ Pak'n Save*, und das seit über zehn Jahren in Folge. Der Discounter fällt sofort durch sein gelb-schwarzes Erscheinungsbild auf. *Pak'n Save* legt wenig Wert auf Schnickschnack. Der Markt erinnert an eine Lagerhalle mit langen Gängen und meterhohen Regalen. Man verzichtet auf liebevoll gestaltete Auslagen und Service – an der Kasse müssen die Waren selbst eingepackt werden und wer Plastiktüten will, muss diese kaufen. Dafür spart man beim Einkauf einige Dollar.

Wer clever einkauft, kann den einen oder anderen Dollar sparen. Supermärkte haben jede Woche hunderte Sonderangebote – wer da zugreift, kann gute Schnäppchen machen. Außerdem lohnt es sich, statt zu den teuren Markenprodukten zu den Eigenmarken der Supermärkte zu greifen. Oft

Auf lokalen *Farmers Markets* kann man oft günstig einkaufen

werden auch Lebensmittel, die nahe am Mindesthaltbarkeitsdatum sind, zu einem reduzierten Preis verkauft – Augen offen halten! Wer früh am Morgen oder kurz vor Ladenschluss einkaufen geht, findet oft Obst, Gemüse, Backwaren oder Fleisch zu günstigeren Preisen. Obst und Gemüse kann man außerdem günstig auf einem der lokalen *Farmers Markets* kaufen – einfach in der Touristeninformation oder im Hostel fragen, wann diese stattfinden.

Wohin mit den Plastiktüten?

Einmal einkaufen gehen und schon hat man jede Menge Plastiktüten. Umweltfreundlich ist das nicht. Wer ohne schlechtes Gewissen aus dem Supermarkt gehen will, investiert entweder in den Kauf wieder verwendbarer Stoffbeutel, die jeder Supermarkt anbietet, oder nutzt die Plastiktüten noch einmal, anstatt sie wegzuschmeißen. Die Tüten eignen sich wunderbar als Müllbeutel, Sammelbehälter für Dreckwäsche oder zum Aufbewahren von allerhand Dingen wie Brot, Obst oder auch Muscheln und Treibholz.

Geld ausgeben wird übrigens belohnt. Kunden, die mehr als 40 NZD pro Einkauf ausgeben, erhalten einen Tankgutschein, der einen Rabatt von vier Cent pro Liter Benzin beschert. Einige Supermärkte bieten sogar 20 Cent Ermäßigung pro Liter, wenn man über 200 NZD bezahlt.

Die Öffnungszeiten der Supermärkte sind extrem kundenfreundlich. In der Regel sind sie sieben Tage in der Woche von 8 bis 22 Uhr geöffnet. Hier gilt: Je kleiner die Stadt, desto kürzer die Öffnungszeiten.

Wenn man schnell mal etwas einkaufen möchte, ist ein *Dairy*, *Superette* oder *Convenience Store* in der Nähe. Dies sind kleine Tante-Emma-Läden, die von allem etwas haben. Zwar ist die Auswahl nicht sehr groß und die Preise dafür ganz schön saftig, doch wenn man nur eine Flasche Wasser, eine Tüte Chips oder ein Glas Tomatensoße kaufen will, ist der Mehrpreis zu verschmerzen.

An alkoholischen Getränken dürfen in Supermärkten nur Bier und Wein verkauft werden. Hochprozentiges gibt es in speziellen Fachgeschäften, den *liquor stores*.

Wenn man in Neuseeland unterwegs ist, sollte man auch *The Warehouse* von Innen gesehen haben. Hier gibt es wirklich alles und das zu sehr günstigen Preisen. Wer Töpfe, Geschirrtücher, Arbeitsbekleidung, Kosmetik, Süßigkeiten, Toilettenpapier oder Schraubendreher braucht, wird garantiert

Treue wird belohnt

Wer seinem Supermarkt treu bleibt, kann in Neuseeland von Rabatten und Sonderangeboten profitieren. Im Countdown erhält man mit der OneCard günstigere Preise auf ausgewählte Produkte. Die Karte ist kostenlos. Es gibt sie im Supermarkt beim Kundenservice.

New World hat die Coupon Saver Card, mit der man ebenfalls günstigere Preise auf bestimmte Produkte bekommt. Auch diese Karte erhält man kostenlos direkt im Supermarkt.

fündig. Nur sollte man sich vorher im Klaren sein, dass man bei Billigpreisen nicht unbedingt beste Qualität erwarten kann. Doch für die Dauer der Reise sollte es allemal reichen.

5.5 Kommunikation: Internet, Handy und Telefonkarten

Wenn man so weit weg von zu Hause ist, will man natürlich regelmäßig seine E-Mails checken, mit Familie und Freunden quatschen, Fotos versenden, die Nachrichtenlage in Deutschland verfolgen, das eigene Reise-Blog aktualisieren und und und. Hier ein paar Informationen zur Kommunikationslage am anderen Ende der Welt:

Neuseeland ist gut vernetzt und Internet im Prinzip überall verfügbar. Selbst in ländlichen Gegenden funktioniert das Internet, allerdings sollte man nicht erwarten, im bush eine Verbindung zu bekommen. Einziger Wermutstropfen: Das Internet ist sowohl teurer als auch langsamer als in Deutschland. Allerdings muss man zur Verteidigung Neuseelands sagen, dass die Internetinfrastruktur der beiden Inseln derzeit von nur einem einzigen Unterseekabel gespeist wird. Das geht bei über vier Millionen Einwohnern plus Touristen natürlich auf die Geschwindigkeit und Leistungsstärke. Aber wer kommt schon nach Neuseeland, um ständig im Netz zu hängen?!

Wer mit Laptop, Tablet-PC oder Smartphone reist, braucht Mobile Broadband oder Zugang zu einem WiFi-Netz. Mit Mobile Broadband ist man unabhängig und kann jederzeit ins Internet – zumindest, wenn die Verbindung gut genug ist, was in Neuseeland schwanken kann. Derzeit gibt es drei Anbieter für das mobile Internet: *Telecom*, *Vodafone* und *2degrees*. Man bekommt einen Stick mit einer bestimmten Menge an Datenvolumen. Wenn das Paket aufgebraucht ist, kann man es wieder aufladen. Da sich Preise und Konditionen oft ändern, ist es am besten, sich direkt bei den Anbietern über die verschiedenen Optionen zu informieren und beraten zu lassen.

www.2degreesmobile.co.nz
www.telecom.co.nz
www.vodafone.co.nz

WiFi-Spots sind die andere Option, um online zu gehen. Besonders populär bei Touristen sind die Bibliotheken, wo man tagsüber zumeist kostenlos im Internet surfen kann. Weiterhin bieten viele Cafés wie auch McDonalds oder Starbucks für ihre Kunden kostenloses Internet zum Kaffee oder Sandwich – einfach bei der Bestellung nach dem Passwort fragen. Auch einige Hostels und Campingplätze bieten ihren Gästen die Übernachtung inklusive Internetnutzung. Oft ist das kostenlose Internet jedoch an eine bestimmte Datenmenge gebunden – ist diese aufgebraucht, ist das Surfen erst einmal vorbei.

Unterkünfte, die kein kostenloses Internet haben, bieten zumindest die Möglichkeit, gegen eine Gebühr im Internet zu surfen – entweder per WiFi mit dem eigenen Laptop oder über die hauseigenen Computer. (Achtung: Die englische Tastatur ist gewöhnungsbedürftig!) Viele Campingplätze haben sich einem der Hot-Spot-Anbieter Zenbu (www.zenbu.co.nz) oder IAC (www.internetaccesscompany.co.nz) angeschlossen. Hier kauft man sein Guthaben entweder online auf der Website des Anbieters (Bezahlung per Kreditkarte) oder an der Rezeption der Unterkunft und kann dann direkt loslegen.

Auch das traditionelle Internetcafé gibt es noch. Die Preise variieren von Ort zu Ort sehr stark – zu rechnen ist mit 4 bis 8 NZD pro Stunde.

Eine sehr günstige Methode, um von Neuseeland aus in Deutschland anzurufen, bieten die sogenannten *phone cards*.

Wifi-Spot an Deck der Cook-Strait-Fähre Santa Regina

Diese Telefonkarten mit Guthabenwerten von 5 bis 50 NZD kann man in diversen Geschäften wie z. B. Internetcafés, Supermärkten, Tankstellen, Buchläden oder in der Post und den Touristeninformationen kaufen. Es gibt etliche Anbieter, ein Vergleich der Tarife lohnt sich auf jeden Fall! Die bekanntesten *phone cards* sind *Talk ´n´ Save, KiaOra, EasyCall und Yabba*.

Sehr preiswert kann man auch mit der *BBH*-Karte (siehe Seite 135) telefonieren: Beim Kauf dieser Hostelkarte sind die Telefonkartenfunktion und ein Guthaben von 20 NZD inklusive. Damit kann man circa 400 Minuten mit Familie und Freunden daheim reden, pro Minute sind das fünf Cent. Weitere Gebühren, etwa für den Verbindungsaufbau, fallen nicht an.

Wie das Telefonieren mit den *phone cards* funktioniert, wird auf der Rückseite einer jeden Karte erklärt. Alle Telefonkarten können entweder übers Telefon oder online (Hier gibt es oft special deals wie Rabatte oder Freiminuten!) aufgeladen werden.

Günstig telefonieren kann man auch über Internet-Kommunikationsdienste wie Skype. Hier fallen beim Gespräch von Computer zu Computer nur die Internetkosten an, wenn man vom Computer aus ein deutsches Festnetztelefon anruft, erhebt Skype zusätzliche Gebühren (1,9 Cent/Minute, Stand Juni 2013).

Wer innerhalb von Neuseeland telefoniert, sollte folgende Dinge wissen: Nummern, die mit 0800 oder 0508 beginnen, sind kostenfreie Rufnummern, die von jedem Telefon aus gewählt werden können. Ausnahme: Es funktioniert nicht immer vom Handy aus. Local calls, also Anrufe in der Region, sind vom Festnetztelefon aus grundsätzlich kostenfrei. Wer Nummern außerhalb der Region anrufen will, muss zuerst den entsprechenden *area code* (z. B. 09 für Auckland, 04 für Wellington oder 03 für die Südinsel) wählen. Für diese *toll calls* (auch long distance calls) können ebenfalls die Telefonkarten genutzt werden.

Überall in Neuseeland gibt es Telefonzellen, die man entweder mit Telefon- oder mit Kreditkarten nutzen kann. Wer auf die gute alte Weise mit Münzen telefonieren will, muss nach einer Telefonzelle mit der Aufschrift *card coin* Ausschau halten.

Immer erreichbar
Eine neuseeländische Handynummer ist praktisch, um mit anderen Backpackern in Kontakt zu bleiben, und sollte auch im Lebenslauf angeben werden, damit einen der Arbeitgeber erreichen kann.

Sein Mobiltelefon in Neuseeland weiter über den heimischen Anbieter zu benutzen, ist auf Dauer extrem teuer. Man sollte sich daher vor Ort eine neuseeländische SIM-Karte besorgen. Die einfachste Option ist der Kauf einer *prepaid card*, die von *2degrees, Telecom* und *Vodafone* angeboten werden. Die SIM-Karten von 2degrees kann man in Supermärkten, an Tankstellen, in Elektronikfachgeschäften und natürlich in *2degrees-Shops* kaufen. Karten von *Vodafone* und *Telecom* sind in den Geschäften der Anbieter erhältlich.

Das Aufladen des Guthabens geht ganz einfach online, telefonisch, via SMS oder dort, wo auch die SIM-Karten verkauft werden. Dazu fragt man an der Kasse nach einem *top up* und nennt den Anbieter, den man nutzt, und den Betrag, den man aufladen möchte. Man erhält dann einen Beleg mit einem Code, den man per SMS oder telefonisch aktivieren kann.

Für Langzeitreisende kann es sich auch durchaus lohnen, einen 12-Monats-Vertrag bei einem Anbieter abzuschließen. Hierbei können telefonieren, SMS-Versand und Internetnutzung in einem Tarif kombiniert werden und zusätzlich gibt es noch den einen oder anderen Bonus. Wer Interesse hat, sollte sich vor Ort beraten lassen – es gibt regelmäßig Sonderangebote und Spezialtarife.

5.6 Konto eröffnen

Bei einem längeren Aufenthalt in Neuseeland lohnt es sich auf jeden Fall, ein neuseeländisches Bankkonto zu eröffnen. Möchte man arbeiten, ist dies sogar notwendig, denn das Gehalt kann nicht auf ein deutsches Konto überwiesen werden, und Jobs, die bar bezahlt werden, sind eher selten. Ein anderer guter Grund für ein neuseeländisches Konto ist die Tatsache, dass in Neuseeland fast überall mit Karte bezahlt wird.

Ein Konto zu eröffnen, ist kinderleicht. Der schwierigste Schritt ist wahrscheinlich, sich für eine Bank zu entscheiden. Es sollte ein Kreditinstitut sein, das möglichst viele Geldautomaten (*ATM*) auf der Nord- und Südinsel hat, und die Kontoführung sollte im Idealfall kostenlos sein. Die neuseeländischen Banken haben sich inzwischen auf die vielen Work-and-Travel-Reisenden eingestellt und fast alle bieten gute Konditionen an.

Unter dem Begriff *everyday banking* bieten die Banken mehrere Optionen mit verschiedenen Konditionen und Leistungen an. Als Work-and-Travel-Reisender braucht man im Prinzip nur ein Konto, auf das der Arbeitgeber das Gehalt überweisen kann und wo man selbst Geld abheben bzw. einzahlen kann. Diese Konten ohne besondere Serviceleistungen sind meistens gebührenfrei.

Kostenlose Konten bieten derzeit (Stand Mai 2013) folgende Banken an:
- *Westpac, Electronic Account*
  www.westpac.co.nz
- *Kiwibank, Free Up*
  www.kiwibank.co.nz
- *ASB, Streamline* www.asb.co.nz
- *ANZ, Go Account* www.anz.co.nz

Bitte beachten: Bei *Westpac* und *ASB* muss nach der Kontoeröffnung die Zusendung der Kontoauszüge per Post gestoppt werden, andernfalls fallen monatlich 3,50 NZD an. Dies kann man über das Internet machen, indem man sich auf dem Online-Banking-Portal in seinen Account einloggt und die entsprechende Einstellung ändert.

Transaktionen wie Kartenzahlung via *EFTPOS*, Online-Überweisungen (*direct credit*), Lastschrifteinzug (*direct debit*), Telefon-Banking, Internet-Banking und Geldabhebungen oder Kontostandsab-

Wo sind die Geldautomaten?

Westpac hat in fast jeder Stadt einen Geldautomaten. *Kiwibank*-Automaten gibt es eigentlich immer dort, wo eine Post ist. *ASB*- und *ANZ*-Automaten sind etwas weniger verbreitet, aber in jeder größeren Stadt zu finden. Auf den Websites der Banken kann man nach dem nächstgelegenen *ATM* suchen.

Was ist EFTPOS?

Egal, ob der morgendliche Kaffee, das Sandwich zum Lunch, der Wochenendeinkauf im Supermarkt oder ein neues Paar Schuhe – in Neuseeland wird alles mit Karte bezahlt. Mit *EFTPOS* (*Electronic Funds Transfer at Point of Sale*), um genau zu sein. Hierfür wird die Karte durch das Kartenlesegerät gezogen, man wählt das zu belastende Konto und bestätigt die Bezahlung mit der PIN-Nummer. Da für die Händler keine Gebühren für diese Zahlungsweise anfallen, kann man fast überall und jeden beliebigen Betrag mit *EFTPOS* bezahlen. Natürlich kann man mit der *EFTPOS*-Karte auch Geld am Automaten abheben.

> **Geldeinzahlung kostenlos**
>
> In den meisten Banken kann man kostenlos Geld einzahlen, indem man das Geld in einen Plastikumschlag legt, seinen Namen und die Kontonummer darauf schreibt und die Tüte in einen dafür vorgesehenen Postkasten in der Filiale einwirft. Das Geld wird dann dem Konto gutgeschrieben.

fragen am Automaten sind unbegrenzt gebührenfrei. Gebühren fallen nur dann an, wenn man zu einem Mitarbeiter der Bank an den Schalter geht, um z. B. einen Scheck einzulösen oder Bargeld auf das Konto einzuzahlen. Pro Transaktion werden in diesen Fällen 3 NZD berechnet. Einige Banken erheben zudem eine Gebühr, wenn man Geld am Automaten eines fremden Kreditinstituts abhebt.

Um ein Konto zu eröffnen, geht man in eine Filiale der favorisierten Bank und bittet um einen Termin. Eine ausführliche Beratung zu den Konditionen und Leistungen ist in jedem Fall ratsam. In den meisten Fällen kann man sofort oder nach kurzer Wartezeit mit einem Angestellten sprechen und alles regeln, manchmal muss man sich jedoch einen späteren Termin geben lassen.

Zur Kontoeröffnung müssen der Reisepass und ein weiteres Ausweisdokument wie z. B. der Internationale Führerschein, mitgebracht werden. Außerdem wird ein *proof of address* verlangt – eine schriftliche Bestätigung, dass man eine feste Postadresse hat, unter der man erreichbar ist. Am besten fragt man beim Hostel nach, in dem man die erste Zeit verbringt, ob dort ein solches Dokument ausgestellt werden kann. Die Adresse wird für die Registrierung gebraucht, Post wird aber in der Regel nicht dorthin geschickt – außer vielleicht alle paar Monate ein Werbebrief. Wer mit einer Organisation nach Neuseeland reist, kann die Mitarbeiter vor Ort nach einem *proof of address* fragen und dann die Büroanschrift als Postadresse angeben. Wer möchte, kann sich Online-Banking und Telefon-Banking

5.7 Beantragung der IRD-Nummer (Steuernummer)

mit einrichten lassen. Seine EFTPOS-Karte kann man gleich mitnehmen. Die Karte wird aktiviert und man sucht sich seine Wunsch-PIN aus. Fertig! Kurz vor der Abreise kann das Konto genauso unkompliziert wieder aufgelöst werden.

> **Inland Revenue**
>
> *IRD* steht für Inland Revenue Department und ist das neuseeländische Finanzamt. Hier werden alle Dinge rund um das Thema Steuern geregelt. In jeder größeren Stadt gibt es ein Inland-Revenue-Büro, wo man sich beraten lassen kann. Ansonsten hat die Behörde auch eine kostenlose Hotline, wo man Fragen loswerden kann.
> **www.ird.govt.nz**

> **Steuerklasse**
>
> Für jeden Job wird ein Formular ausgefüllt; anhand der Angaben wird die Steuerklasse bestimmt. Dies gibt schon mal eine Idee davon, wie hoch der abzuführende Steuerbetrag sein wird.

Um in Neuseeland arbeiten zu können, braucht man eine IRD-Nummer. Dies ist eine persönliche Steuernummer, die man bei jedem Arbeitgeber vorweisen muss. Die Beantragung sollte bald nach der Ankunft erfolgen, da die Ausstellung der Nummer bis zu 14 Tage dauern kann.

Die Steuernummer kann man in jedem neuseeländischen PostShop oder auch bei einem *Driver Licensing Agent* der *Automobile Association (AA)* beantragen. Dort erhält man das Antragsformular IR595 (*IRD number application – individual*). Wer das Formular schon vorher ausfüllen möchte, kann es sich von der Inland-Revenue-Website herunterladen. Informationen dazu: www.ird.govt.nz/how-to/irdnumbers.

Bei der Beantragung muss neben dem Reisepass ein weiteres Dokument vorgelegt werden. Dies kann sein:

- Internationaler Führerschein
- Deutscher Führerschein und offizielle Übersetzung
- *Offer of employment* – ein Schreiben des Arbeitgebers als Bestätigung, dass man eingestellt wurde (dieser Brief muss auf dem Geschäftspapier des Unternehmens gedruckt sein)

- HANZ Card (siehe unten)

Von beiden Dokumenten muss außerdem eine Kopie zusammen mit dem Antragsformular eingereicht werden. (Vom Reisepass müssen die Seiten mit dem Foto und dem Visumsstempel kopiert werden.)

Innerhalb von circa 14 Tagen wird die Steuernummer an die auf dem Antrag angegebene Adresse geschickt. Falls man nicht so lange dort wohnt, bis der Brief ankommt, kann man nach den zwei Wochen beim *Inland Revenue Department* anrufen, um sich die Steuernummer telefonisch mitteilen zu lassen.

> **Gut zu wissen**
>
> Wer einmal eine persönliche IRD-Nummer bekommen hat, hat diese für immer. Auch wenn man Neuseeland verlässt – die Nummer bleibt dieselbe, falls man irgendwann wieder zurückkehrt.
>
> Auch wenn man die Steuernummer noch nicht erhalten hat, kann man schon anfangen zu arbeiten. Jedoch wird der Lohn erst dann ausgezahlt, wenn der Arbeitgeber die Steuernummer hat.
> - Es werden circa 20 Prozent des Lohns als Steuern abgeführt.
> - In Neuseeland endet das Steuerjahr am 31. März.

5.8 HANZ 18+ Card

Irgendwann werden viele Backpacker in die Situation geraten, an der Supermarktkasse beweisen zu müssen, dass sie älter als 18 Jahre sind. Doch was, wenn man den Reisepass nicht dabei hat? Ade, schönes kaltes Feierabend-Bier… Auch in einer Bar kann es passieren, dass man nach einem Altersnachweis gefragt wird. Doch wer geht schon mit Reisepass auf die Piste?!

Die HANZ 18+ Card ist ein Ausweis in Kreditkartenformat, der bestätigt, dass der Inhaber älter als 18 ist. Sie dient als offizielles Dokument, das von verschiedenen Behörden anerkannt wird, wenn ein Ausweis mit Passbild verlangt wird (z. B. beim Beantragen der IRD-Nummer).

Diese praktische Karte bekommt man in allen *PostShops*. Das Antragsformular kann man unter www.hanz18plus.org.nz herunterladen, oder man holt es sich von der Post. Bei der Beantragung müssen folgende Dokumente eingereicht bzw. vorgezeigt werden:

- Antragsformular
- Reisepass
- Passfoto
- *proof of address* (Siehe Seite 101)
- Antragsgebühr von 20 NZD (Stand Juni 2013)

Auf der letzten Seite des Antragsformulars muss eine autorisierte Person eidesstattlich erklären, dass der Antragsteller selbst das Formular unterschreibt. Als solche kann z. B. ein *Justice of the Peace* (JP) dienen. Ein JP ist eine Art ehrenamtlich und unentgeltlich arbeitender Schiedsmann, der staatlich zur Abgabe eidesstattlicher Erklärungen autorisiert ist. Unter www.jpfed.org.nz/Find+a+JP.html kann man nach einem JP in der Nähe suchen. Achtung: Den Antrag nicht schon vorher unterschreiben, sondern erst vor den Augen des JP!

Die HANZ 18+ Card kostet einmalig 20 NZD und ist zehn Jahre lang gültig. Normalerweise wird der Ausweis innerhalb von zwei bis drei Wochen zugeschickt.

5.9 Kontakte knüpfen

Allein als Backpacker unterwegs? Keine Sorge, das wird nicht lange so bleiben. Unterwegs lernt man sehr schnell sehr viele Leute kennen. Im Hostel, wo man sich ein Zimmer

Kontakte sind das A und O bei einem Work & Travel-Aufenthalt

teilt, im Bus, wo man nebeneinander sitzt, oder im Kayak, wo man gemeinsam paddelt – es gibt immer jemanden in der gleichen Situation. Viele dieser Reisenden werden einen nur für wenige Stunden oder Tage begleiten, mit anderen entdeckt man für eine längere Zeit Land und Leute. Aus einigen Begegnungen werden vielleicht tiefe Freundschaften, die auch noch lange, nachdem man wieder zurück zu Hause ist, andauern.

Mit Leuten reden hat übrigens nicht nur den Vorteil, dass man Langeweile totschlägt – Gespräche mit anderen Backpackern können extrem nützlich sein! Von ihnen bekommt man die besten und aktuellsten Tipps aus erster Hand. Solche Geheimtipps sind wirklich unbezahlbar.

Mit Neuseeländern ins Gespräch zu kommen, ist einfach. Chancen dafür bieten sich an der Bushaltestelle, während der Arbeit oder beim Bier im Pub um die Ecke. Wer offen und freundlich ist, wird keine Schwierigkeiten haben. Also, nicht scheu sein, sondern auf andere Leute zugehen!

Vor allem in den Sommermonaten haben die größeren Städte einen vollen Veranstaltungskalender. Es gibt Konzerte, kulinarische Festivals, Theater, Kino, Live-Aufführungen und jede Menge Nachtclubs und Kneipen. Was wann wo los ist, erfährt man aus der Tageszeitung oder im Internet auf speziellen Veranstaltungsseiten der Region – einfach im Hostel oder der Touristeninformation nachfragen, wo man die Infos findet.

Wenn man sich gerade in einer kleineren Stadt aufhält, muss das nicht unbedingt ein Nachteil sein. In jedem noch so kleinen Städtchen gibt es einen Pub, und wenn man dorthin geht, fällt man als Besucher garantiert auf und kommt sofort ins Gespräch.

5.10 Informationen in Hülle und Fülle

Von Cape Reinga bis Bluff gibt es in Neuseeland über 90 Informationszentren für Reisende, die *i-SITE* genannt werden. Man findet sie in fast jedem Ort, der touristisch etwas zu bieten hat. Besucher bekommen hier allerhand Informationen zu Sehenswürdigkeiten, Aktivitäten, Unterkünften, Transportmöglichkeiten und Veranstaltungen. Die Mitarbeiter kennen sich bestens aus und können bei allen Fragen weiterhelfen. Wer möchte, kann auch gleich den *booking service* nutzen und seinen nächsten Abenteuerausflug buchen. Außerdem gibt es kostenlose Straßenkarten, Broschüren und Info-Flyer.

Informationen zur jeweiligen Region bekommt man im i-site

Auch das *Department of Conservation* (*DOC*), die staatliche Organisation zum Schutz der Natur in Neuseeland, hat viele Informationsstellen auf der Nord- und Südinsel. Oft sind diese dort, wo Nationalparks sind. Bei den Mitarbeitern kann man sich über verschiedene Walks, über Wetterbedingungen auf den Wanderungen oder den Zustand der Wege informieren. Außerdem verkaufen die *DOC*-Büros sogenannte hut tickets, die zur Übernachtung in einer der Unterkünfte auf den Wanderungen berechtigen.

Die Website des *DOC* hält für Wanderfreunde eine Fülle an Informationen bereit. Hier findet man alles von Kartenmaterial über Ausrüstungstipps bis hin zu Routenbeschreibungen www.doc.govt.nz

Jede Menge Informationen zu allem, was Reisende über Neuseeland wissen wollen, sind auf der offiziellen Website Neuseelands zu finden. Einfach mal auf www.newzealand.com vorbeischauen und sich inspirieren lassen.

6 | Arbeitssuche

6.1 Allgemeine Jobsituation

Die Arbeitslosenquote in Neuseeland liegt bei unter sieben Prozent. Es gibt also auch für Backpacker genügend Jobs. Trotzdem sollte man als Work-and-Travel-Reisender nicht zu hohe Erwartungen haben, wenn man auf Jobsuche geht. Der Großteil der offenen Stellen sind Aushilfsjobs als Erntehelfer, in der Tourismusbranche oder im Einzelhandel. Viele Jobs, vor allem im landwirtschaftlichen Bereich, bestehen aus knochenharter Arbeit, bei der die Finger schon mal schmutzig werden, oder eintönigen Abläufen, die sich Tag für Tag wiederholen – dafür sollte man sich nicht zu schade sein.

Im Übrigen sollte man sich bewusst sein, dass man vermutlich nicht mit Arbeitsangeboten bombardiert wird – man muss Eigeninitiative zeigen und beharrlich sein. Zwar ist die neuseeländische Wirtschaft einerseits auf Aushilfsarbeiter angewiesen, doch andererseits wissen die Arbeitgeber, dass Backpacker hauptsächlich zum Reisen in Neuseeland sind und daher meistens nicht lange an einem Ort bleiben. Wenn Work-and-Travel-Reisende wenige Wochen nach der Einarbeitungsphase den Job wieder aufgeben, kann das für Arbeitgeber, die auf ein erfahrenes und eingespieltes Team angewiesen sind, frustrierend sein. Backpacker einzustellen, die sich nicht für eine längere Zeit verpflichten wollen, ist für sie daher keine gute Option.

Der Verdienst ist von Job zu Job unterschiedlich und hängt

> **Achtung Konkurrenz**
>
> Bei der Jobsuche sollte man nicht vergessen, dass auch die Konkurrenz nicht schläft. Backpacker aus allen möglichen Ländern brauchen Arbeit, um ihre Reisen zu finanzieren. Einen guten Eindruck macht, wer nett und offen auftritt, eine ansprechende Bewerbung abgibt und Interesse zeigt, ohne dabei zu nerven. Wenn man nach ein paar Tagen noch nichts gehört hat, kann es lohnenswert sein, freundlich nach dem Stand der Dinge zu fragen.

von verschiedenen Faktoren ab. Der gesetzliche Mindestlohn in Neuseeland liegt bei 13,50 NZD pro Stunde. Work-and-Travel-Reisende können in den typischen Backpacker-Jobs mit einem Stundenlohn zwischen 13,50 NZD und 18 NZD rechnen. In Jobs, die spezielle Qualifikationen erfordern, ist der Stundenlohn höher. Als Erntehelfer wird man in der Regel nicht nach Stunden, sondern nach Leistung abgerechnet. Je mehr Obst man pflückt, desto mehr Geld verdient man.

Besondere Vorkenntnisse sind für die meisten Jobs nicht nötig. Was man wissen muss, lernt man vor Ort. Jedoch ist es immer von Vorteil, wenn man Erfahrung und Qualifikationen vorweisen kann. Englischkenntnisse sind nützlich, damit man sich mit Arbeitgebern und Kollegen verständigen kann. Wer viel mit Kunden zu tun hat, sollte fließend Englisch sprechen.

6.2 Typische Backpacker-Jobs

Mit dem Working-Holiday-Visum können Backpacker jeden beliebigen Job annehmen.

Landwirtschaft

Auf Farmen, Obstplantagen oder Weingütern findet man jede Menge Jobs. Das können Tätigkeiten wie Erntehelfer (*fruit picking*), das Beschneiden von Bäumen oder Wein (*pruning*) oder das Verpacken von Früchten (*packing*) sein. Gängig sind auch Jobs wie Unkraut Jäten, Helfen beim Zäuneaufstellen, beim Schafescheren oder beim Kühemelken, oder das Bewässern der Weiden. Bei den meisten dieser Jobs handelt

> **Verlängerung des Visums**
> Wer mindestens drei Monate als Erntehelfer gearbeitet hat, kann sein Working-Holiday-Visum um drei Monate verlängern! Informationen dazu auf Seite 47.

es sich um körperlich anstrengende Arbeit. Man sollte also fit und nicht zimperlich sein.

Tourismus

In dieser Branche kann man Geld als Reinigungskraft im Motel, an der Rezeption eines Hotels, als Snowboard-Lehrer in einem Skigebiet oder als Tour-Guide verdienen. Die besten Chancen auf einen Job sind während der *high season*, also in den Sommermonaten während der Hauptreisezeit. In den Wintermonaten gibt es vor allem in den Skigebieten gute Aussichten auf einen Job.

Gastronomie

Vor allem im Sommer sind Cafés, Restaurants und Pubs auf die Unterstützung von Aushilfskräften angewiesen. Auch ohne Berufserfahrung findet man Jobs als Küchenhilfe (*kitchen hand*), als Kellner oder hinter der Bar. Wer bereits Erfahrungen in diesem Bereich hat, wird schnell einen Job finden.

> **Barista-Kurs**
>
> Oft werden in Cafés erfahrene Baristas gesucht. Ein barista training course kann für Reisende eine nützliche Qualifikation sein. Hier lernt man alles über die Kunst der Zubereitung des perfekten Kaffees. Es gibt verschiedene Kursangebote, die auch für Backpacker buchbar sind.
> **www.atomiccoffee.co.nz/training/barista-training (Auckl.)**
> **www.emporio.co.nz/training/more-info (Wellington)**
> **www.vivaceespresso.co.nz/training (Christchurch)**

Handwerk

Für Backpacker, die eine handwerkliche Ausbildung gemacht haben, lohnt es sich, nach Jobs im Baugewerbe Ausschau zu

ARBEITSSUCHE 111

Arbeiter auf dem Weingut von Muddy Waters Wines in Waipara

halten. Bedarf an guten und erfahrenen Maurern, Tischlern oder Malern besteht immer. Die Bezahlung ist sehr gut. Wer sich nicht scheut, körperlich richtig zuzupacken, kann beim Gerüstbau oder bei Umzugsfirmen nach offenen Stellen fragen. Zwar sind das knochenharte Jobs, doch der Verdienst stimmt.

Einzelhandel
Als Kassierer im Supermarkt, Auspacker im *The Warehouse,* als Servicekraft an der Tankstelle oder als Verkäufer im Souvenirshop oder Klamottenladen kann man ebenfalls Geld für die Reisekasse verdienen.

Im eigenen Job
Wer eine Berufsausbildung bzw. Qualifikation vorweisen kann, sollte sein Glück in seinem speziellen Bereich versuchen. Warum nicht als Friseur oder IT-Spezialist oder Bankangestellter in Neuseeland arbeiten? Auf diese Weise verdient man gutes Geld und sammelt Erfahrungen im englischsprachigen Ausland, was sehr gut im Lebenslauf aussieht.

Schon vorher bewerben

Backpacker, die in einer bestimmten Branche arbeiten wollen, sollten schon in Deutschland damit beginnen, nach möglichen Arbeitgebern zu suchen. Es ist eine gute Idee, rechtzeitig mit Unternehmen in Kontakt zu treten und die Bewerbungsunterlagen abzuschicken. Viele Personalchefs führen heutzutage sogar Vorstellungsgespräche via Skype. Mit etwas Glück kann man sich so schon vor der Abreise einen Job sichern.

6.3 Fruit picking: Willkommen auf der Obstplantage!

Irgendwann in seiner Work-and-Travel-Laufbahn landet jeder Backpacker auf einer Obstplantage, sei es zum *fruit picking*, zum *pruning* oder im *packhouse*. Jobs auf Obstplantagen sind nicht unbedingt die beliebtesten, da sie körperlich anstrengend sind. Der große Vorteil ist jedoch, dass die Farmer während der Erntezeit immer nach Arbeitskräften suchen. Die Aussichten, in diesem Bereich einen Job zu finden, sind also sehr gut.

Fruit picking ist der Oberbegriff für die Aushilfe bei der Obst- und Gemüseernte. Äpfel, Weintrauben, Avocados, Mandarinen, Oliven, Zitrusfrüchte etc. müssen gepflückt, sortiert und verpackt werden. Die Pflanzen müssen gepflegt werden. Körperliche Fitness ist von Vorteil, denn über Stunden hinweg gebückt oder mit den Armen über dem Kopf zu arbeiten, ist anstrengend. In den meisten Fällen ist die Arbeit stupide und wenig anspruchsvoll, doch es ist gut und schnell verdientes Geld, was diese Jobs bei Backpackern so beliebt macht. Außerhalb der Erntezeit gibt es Jobs auf den Plantagen, wo die Anpflanzungen auf die neue Saison vorbereitet werden müssen.

ARBEITSSUCHE

Fruit picking: anstrengend, aber besser bezahlt als Lagerarbeit

Als angehender *fruit picker* muss man zunächst wissen, wann und wo Arbeitskräfte gesucht werden. Eine sehr gute Übersicht bietet die Organisation PickNZ: www.picknz.co.nz/Seasonal-Work/Information/regional-Map.htm.

Hier kann man in bestimmten Regionen oder Kalendermonaten den Bedarf an Helfern herausfinden und sieht auch, welches Obst und Gemüse wo angebaut wird. Je nachdem, in welcher Region man arbeiten will, muss man sich in dem entsprechenden PickNZ-Büro als job seeker registrieren. Wenn Stellen verfügbar sind, wird man informiert.

Ein anderer Weg, an Arbeit auf Plantagen zu kommen, sind die *Working-Hostels*. Die Eigentümer haben gute Verbindungen zu den Farmern in der Region und wissen, wo es

Fruit-Picker-Broschüre
QR CODE: Broschüre mit Adressen der PickNZ-Büros und Saisonkalender (Pdf, 3,3 MB)

Jobs gibt. Dieser Vermittlungsservice ist kostenlos, aber die Hostelbesitzer sehen es natürlich gern, wenn die Backpacker während der Zeit, in der sie arbeiten, ein Bett in ihrem Hostel buchen (es werden verbilligte Wochenraten angeboten). Andersherum garantiert die Buchung der Unterkunft jedoch keinen Job! Da die Hostels selbst nur Vermittler für seasonal work sind, können sie keine Stellen frei halten oder besetzen. Der Bedarf an Arbeitskräften hängt außerdem von der Ernte, vom Wetter und von der Auftragslage ab. Bevor man sich auf den Weg macht, sollte man unbedingt im Hostel anrufen und fragen, wie die Jobsituation aussieht. Wer vor Ort ist, hat die besten Chancen – nach dem Motto „first come, first served" bekommt derjenige den Job, der als Erster verfügbar und geeignet ist.

Einige Adressen von Working-Hostels:
Bay of Plenty, Tauranga:
Bell Lodge www.bell-lodge.co.nz
Just The Ducks Nuts! www.justtheducksnuts.co.nz
Harbourside City Backpackers www.backpacktauranga.co.nz
Loft 109 Backpackers www.loft109.co.nz
Mount Backpackers www.mountbackpackers.co.nz
Bay of Plenty, Te Puke:
Hairy Berry Backpacker Hostel www.hairyberrynz.com
Hawke's Bay, Hastings:
The Rotten Apple Backpackers www.rottenapple.co.nz
Northland, Kerikeri:
Aranga Backpackers www.aranga.co.nz
Keri Central Guesthouse & Backpackers www.kericentral.co.nz
Nelson, Motueka
Happy Apple Backpackers www.happyapplebackpackers.co.nz
Marlborough, Kaikoura
Swampys Backpackers www.swampys.co.nz

Von Jobangeboten erfährt man auch in Online-Jobbörsen, in Tageszeitungen, in Aushängen an Schwarzen Brettern oder direkt vor Ort auf den Plantagen. Bestimmt können auch andere Backpacker Tipps geben, die gerade auf Farmen arbeiten und wissen, ob Aushilfskräfte gesucht werden. (Nach der Telefonnummer vom *picking contractor* fragen!)

Besondere Vorkenntnisse sind bei der Arbeit auf Obstplantagen nicht nötig, alle Helfer werden eingearbeitet und bekommen on the job training. In der Einarbeitungszeit werden die Handgriffe noch etwas langsamer sein, doch nach ein paar Tagen weiß man, was man tut, und die Arbeit fällt leichter und geht vor allem schneller.

Streitpunkt Bezahlung

Viele Backpacker finden einen guten Fruit-Picking-Job mit fairer Bezahlung. Doch unter den *contractors* gibt es auch schwarze Schafe. Wichtig ist, seine Rechte zu kennen und sich nicht ausbeuten zu lassen. Jeder Arbeiter, egal ob er pro Stunde (*hourly rate*) oder nach Leistung (*piece rate*) bezahlt wird, muss wenigstens den gesetzlichen Mindeststundenlohn verdienen. Das sind 13,50 NZD brutto (*before tax*). Der Arbeitgeber kann jedoch Hilfskräfte, die permanent zu wenig leisten, um den Mindestlohn zu erreichen, entlassen.

Man sollte auf jeden Fall eine Kopie des Arbeitsvertrages erhalten und mit jeder Gehaltszahlung einen Lohnzettel bekommen. Außerdem ist es empfehlenswert, in einem kleinen Notizbuch seine Arbeitszeiten und die täglich erreichte Leistung aufzuschreiben, um den Überblick zu behalten.

Wer Probleme mit seinem Job hat, sollte zunächst versuchen, sie mit dem Arbeitgeber direkt zu klären. Kommt man zu keiner Einigung, kann man sich an das *Department of Labour* wenden (www.dol.govt.nz).

Gut zu wissen

- Wer sich Sorgen macht, dass die Arbeit auf der Plantage körperlich zu anstrengend ist, sollte nach einem Job im *packhouse* suchen. Hierfür kann man sich direkt in einem Packhaus auf die Liste der Jobinteressenten setzen lassen.
- Auf manchen Farmen wird Unterkunft und Verpflegung gestellt, oft gegen eine Gebühr.
- Wer außerhalb der touristischen Gegenden nach einem Job sucht, wird eher fündig, da die Konkurrenz nicht so groß ist. Oft ist auch die Bezahlung besser.
- Die ersten Tage sind die härtesten! Der Körper muss sich erst an die ungewohnten Bewegungsabläufe gewöhnen. Man sollte versuchen, durchzuhalten und nicht gleich aufgeben. Nach ein paar Tagen Muskelkater wird es besser, versprochen.
- Wer richtig ranklotzt, kann innerhalb weniger Wochen sehr gutes Geld verdienen, das dann wieder eine Weile zum Reisen reicht.
- Musik kann während der Arbeitsstunden ablenken und anspornen – die Kopfhörer in die Ohren, die Lieblingsmusik an und los geht's!
- Eventuell benötigtes Arbeitswerkzeug wird vom Arbeitgeber gestellt.

Tabelle: Gegenüberstellung der Jobs beim Ernten und Abpacken

Fruit picking / Pruning	Packhouse
körperlich anstrengend	einfachere Arbeit
höherer Stundenlohn oder nach Leistung bezahlt	geringerer Stundenlohn, keine Chance aufzustocken
in der Regel keine Arbeit bei Regen	regelmäßige Arbeit, da wetterunabhängig, Nachtschichten möglich
Jobs auch kurzfristig verfügbar	rechtzeitige Bewerbung nötig, da Stellen begehrt sind

Als Arbeitskleidung empfiehlt sich eine Jeans oder eine andere lange Hose (schützt vor Sonne und sandflies), ein T-Shirt oder langärmeliges Shirt (plus je nach Jahreszeit und Wetter noch ein Pullover) sowie ein Paar feste Schuhe (die eigenen Trekkingschuhe oder, wer es lieber traditionell mag, Gummistiefel). Wer Klamotten kaufen muss, sollte The Warehouse einen Besuch abstatten oder in einen Second-Hand-Laden gehen (S*alvation Army, Op Shop, Red Cross*). Hier bekommt man die Sachen sehr günstig.

Der Gehaltszettel
Jede Woche (oder 14-tägig) erhält man seinen Gehaltszettel. Auf diesem *pay slip* ist vermerkt, was man verdient hat. Lohnsteuer, ACC-Abgabe (siehe Seite 54) und eventuelle Beiträge für Unterkunft, Verpflegung oder Ausstattung (dies muss im Vertrag festgelegt sein) werden automatisch abgezogen. Was übrig bleibt, ist der Lohn.

Ein eigenes Auto kann bei der Arbeitssuche von Vorteil sein, denn oft muss die Fahrt zur Plantage selbst organisiert werden. Wer in einem Hostel wohnt, kann eine Fahrgemeinschaft gründen und das Benzingeld teilen. Teilweise stellen Arbeitgeber einen Fahrservice zur Verfügung (die Backpacker werden vom Hostel abgeholt und abends wieder zurückgebracht) oder er wird vom *Working-Hostel* organisiert.

6.4 Wie finde ich einen Job?

Die wichtigste Regel: Bei der Jobsuche ist Eigeninitiative gefragt! Schüchternheit und Scheu sind fehl am Platze, denn nur, wer aktiv sucht, wird auch finden. In Neuseeland ist es

Nicht vergessen!
- Kopfbedeckung
- Sonnencreme / Insektenschutzmittel
- ausreichend Trinkwasser
- Snacks wie Sandwiches, Müsliriegel, Obst
- Musik

durchaus üblich, einfach in ein Café, ein Hotel oder ein Geschäft zu spazieren (door knocking) und seinen Lebenslauf abzugeben. Mit etwas Glück ist gerade eine Stelle offen.

Ansonsten gibt es auch andere Möglichkeiten, nach einem Job zu suchen:

Online-Jobbörsen

Backpacker sollten speziell nach seasonal work suchen, also Arbeit, die nur für einen kurzen Zeitraum angenommen wird und für die man meistens keine Vorkenntnisse braucht. Diverse Internetseiten listen Jobangebote in allen möglichen Branchen auf. Oft können die Suchergebnisse auf die gewünschte Region oder den bevorzugten Arbeitsbereich eingegrenzt werden.

Jobbörsen speziell für seasonal work:
www.seasonalwork.co.nz
www.seasonaljobs.co.nz
www.backpackerboard.co.nz
www.bbh.co.nz (unter „Notice Boards")

Weitere Jobbörsen:
www.seek.co.nz (größte Online-Jobbörse)
www.trademe.co.nz (Online-Auktionshaus, auch viele Jobs)
www.tradestaff.co.nz (auch für Work-and-Travel-Reisende)
www.gumtree.co.nz (Jobs in Auckland)
www.thebigidea.co.nz (Jobs im künstlerischen Bereich)

Jobagenturen und Zeitarbeitsfirmen

Private Jobvermittlungsagenturen (*recruitment agency*) vermitteln Jobs in verschiedenen Branchen und bieten ihren Service auch Backpackern an. Die Adressen sind in den Gelben Seiten (www.yellowpages.co.nz) zu finden. Nachdem man sich bei der Agentur vorgestellt hat, nimmt man an einem

Test teil, in dem Computerkenntnisse sowie fachliche und persönliche Fähigkeiten geprüft werden. Der Service ist kostenlos.

Einige Adressen:
- Adecco www.adecco.co.nz (Auckland, Christchurch, Dunedin, Palmerston North, Wellington u.v.m.)
- Alpha Recruitment www.alphajobs.co.nz (Auckland, Wellington)
- Canstaff www.canstaff.co.nz (Christchurch, Ashburton, Timaru, Oamaru)
- Coverstaff www.coverstaff.net.nz (Christchurch, Nelson, Wellington, Palmerston North)
- Madison Recruitment www.madison.co.nz (Auckland, Hamilton, Wellington, Christchurch)
- Randstad www.randstad.co.nz (Auckland, Christchurch, Wellington, East Tamaki)
- Base Backpacker www.stayatbase.com/work (Auckland)

> **Zeit sparen**
> Wer den umfangreichen Test bei einer Jobvermittlungsagentur gemacht hat, sollte nach einer Kopie der Ergebnisse fragen. Diese kann man, wenn man sich bei einer anderen Agentur vorstellt, vorzeigen und so eventuell die Zeit für einen erneuten Test sparen.

Schwarzes Brett

In Hostels, Cafés, Supermärkten, Bibliotheken, Internetcafés etc. gibt es Schwarze Bretter (*notice board*), wo Stellenangebote ausgehängt sind. Besonders das Schwarze Brett im Hostel ist eine gute Informationsquelle, da hier auch Mitfahrgelegenheiten, Autoverkäufe oder Reiseinformationen angepinnt werden. Es lohnt sich auch, an der Rezeption des Hostels nach möglichen Jobs zu fragen, denn die Leute ken-

Auch die Info-Ecke im Hostel sollte man zur Jobsuche nutzen

nen sich in der Region aus. Und auch wenn man mit anderen Backpackern redet: Immer nach deren Job-Erfahrungen fragen, denn diese Insiderinformationen sind Gold wert!

Aushänge im Schaufenster oder Schilder am Straßenrand

Mit offenen Augen durch die Stadt zu laufen, kann auch zu einem Job verhelfen. Oft hängen Ladenbesitzer oder Restauranteigentümer ihre Stellengesuche per Zettel ins Schaufenster. Wer seinen Lebenslauf dabei hat, sollte ihn abgeben. Besitzer von Obst- und Gemüseplantagen inserieren offene Stellen am Straßenrand – „Jobs available" steht dann z. B. auf großen Schildern. In diesem Fall einfach anhalten und nachfragen – welche Jobs zu welchen Konditionen verfügbar sind, erfährt man im Personalbüro.

Tageszeitungen

Jede größere Stadt hat ihre eigene Tageszeitung. Samstags erscheint der große Anzeigenteil mit Stellenangeboten. Wenn

> **Arbeit für freie Unterkunft**
>
> Wer plant, länger in einem Hostel zu bleiben, sollte nachfragen, ob dort gerade Helfer gesucht werden. Für zwei bis vier Stunden Arbeit am Tag bekommt man eine kostenlose Unterkunft. Zu den Jobs gehören Wäsche waschen, Zimmer reinigen, Frühstück vorbereiten oder Aushilfe an der Rezeption etc. Leichte Arbeit, die Bares spart. Wer Geld verdienen möchte, kann sich zusätzlich einen Teilzeitjob suchen.

man sich nur für die Anzeigen interessiert und die Zeitung dafür nicht extra kaufen will, kann man die Zeitung in der örtlichen Bibliothek oder in einem Café durchblättern.

Working-Hostel

In Kooperation mit Arbeitgebern aus der Region bieten einige Hostels Jobs für Backpacker an. Dies sind hauptsächlich *fruit picking jobs*. Mehr Informationen dazu auf Seite 112.

Eigene Talente und Fähigkeiten nutzen!

Warum nicht ein wenig Phantasie beweisen und mit seinen beruflichen Fähigkeiten oder künstlerischen Talenten Geld verdienen? Wer ein Instrument beherrscht, gut singen kann oder ein Jonglier-Talent ist, sollte als Straßenkünstler sein Glück versuchen. Geld verdienen kann man auch mit selbst

---

Saisonjobs

Wer zur richtigen Zeit am richtigen Ort ist, hat schon fast einen Job in der Tasche. Im Sommer sind das die größeren Städte und beliebten Ferienregionen wie Coromandel, Nelson, Taupo oder Wanaka für Jobs in den Bereichen Tourismus, Gastronomie und Hotelgewerbe. In der Erntezeit warten Jobs in Hawke's Bay, Bay of Plenty, Marlborough, Otago oder Nelson. Während der Wintermonate kann man in den Skigebieten im Zentrum der Nordinsel (Whakapapa und Turoa), in der Region Canterbury-Mackenzie (Mt. Hutt, Mt. Dobson, Ohau und Roundhill) und rund um Queenstown (The Remarkables, Coronet Peak, Cardrona und Treble Cone) Jobs als Skilehrer, Parkplatzwächter oder Küchenhilfe finden.

Flexibel und spontan sein!

Für alle Jobs gilt: Nicht zu wählerisch sein, sondern schnell handeln! Die Konkurrenz schläft nicht, und wer zu lange überlegt, geht unter Umständen leer aus, weil jemand anders beim Jobangebot eher zugegriffen hat.

Vor der Jobsuche besorgen!

Wer in Neuseeland arbeiten will, braucht die folgenden Dinge:
- Arbeitserlaubnis (z. B. *Working Holiday Visa*)
- IRD-Nummer
- neuseeländisches Bankkonto

gemachten Dingen – gehäkelte Mützen, geschnitzte Figuren oder gezeichnete Porträts verkaufen sich gut. Wer gern kocht und bäckt, kann seine Leckereien anderen Hostelgästen anbieten. Oder vielleicht sucht der Fahrradladen um die Ecke gerade nach einem Mechaniker?

Wer mit einer Organisation reist, wird unterwegs regelmäßig Jobangebote per E-Mail zugeschickt bekommen oder diese in den Büros vor Ort am Schwarzen Brett finden. Bewerben muss man sich jedoch selbst und eine Jobgarantie gibt es nicht.

6.5 Bewerbung und Vorstellungsgespräch

In Neuseeland braucht man nicht für jeden Job einen Lebenslauf einzureichen. Doch wer ihn hat, ist bestens gerüstet, wenn jemand danach fragt. Praktischerweise sollte man den Lebenslauf und alle begleitenden Dokumente bereits vor der Abreise vorbereiten. Auf diese Weise hat man die Unterlagen bei der Bewerbung in Neuseeland gleich parat.

Die erste Seite der Bewerbungsunterlagen bildet das Anschreiben, das den Arbeitgeber einladen soll, sich den folgenden Lebenslauf anzuschauen. Dieser *cover letter* gibt einen kurzen Überblick über die wichtigsten Erfahrungen und Kenntnisse und hebt die persönlichen Fähigkeiten und Stärken hervor. Dabei sollte man auf die Anforderungen in der Stellenausschreibung eingehen und erklären, warum man für den Job geeignet ist. Außerdem sollte man zum Ausdruck bringen, warum man sich gerade für diesen Job bewirbt. Es ist gut, dabei gezielt auf das Unternehmen einzugehen, so dass nicht der Eindruck entsteht, dass man einen Standardtext einreicht. Am Ende des Schreibens bedankt man sich vorab für das entgegengebrachte Interesse und gibt seine Kontaktdaten an. Die Länge des Anschreibens sollte auf eine Seite begrenzt werden. Es macht einen guten Eindruck, das Schreiben an eine bestimmte Person zu richten – den Namen der Kontaktperson für den Job findet man in der Stellenanzeige.

Der Lebenslauf – CV (*Curriculum Vitae*) oder *Resumé* – muss in englischer Sprache verfasst werden und sollte maximal zwei Seiten umfassen. Ein Passbild einzureichen, ist nicht üblich.

Zunächst kommen die Angaben zur Person (Name, Adresse, Telefonnummer, E-Mail). Es folgt der Absatz *Career Objective*, in dem man sich selbst und seine Stärken in kurzen Sätzen beschreibt und erklärt, warum man für die Stelle geeignet ist.

Die folgenden Abschnitte *Work Experience*, *Education*, *Additional Skills* (*IT Skills, Languages*) und *Personal Interests* listen den beruflichen und schulischen Werdegang sowie Zusatzqualifikationen und Hobbys auf. Hierbei beginnt man mit dem aktuellsten Ereignis – die Daten werden also nicht wie in Deutschland üblich chronologisch angeordnet, sondern in umgekehrter Reihenfolge. Deutsche Titel bei Berufsbezeichnungen sollten wenn möglich ins Englische übersetzt werden.

Wer gerade den Schulabschluss in der Tasche hat und noch nicht so viel Berufserfahrung besitzt, sollte relevante außer-

Vitamin B

Auch in Neuseeland sollte man bei der Arbeitssuche nie die Bedeutung von „Vitamin B" unterschätzen. Beziehungen sind alles! Wer in Gesprächen mit anderen Backpackern oder Kiwis das Gespräch auf die Jobsuche lenkt, wird sicher viele Tipps bekommen. Oft kennt dann der Gesprächspartner jemanden, der jemanden kennt... Und schon hat man einen Job gefunden.

schulische Aktivitäten anführen, z. B. die Organisation eines Tages der Offenen Tür, die Mitarbeit bei der Schulzeitung oder die Leitung einer Arbeitsgruppe.

Den letzten Abschnitt des Lebenslaufs bilden die *References*. Diese Referenzen sind enorm wichtig. Neuseeländische Arbeitgeber kontaktieren gern die angegebenen Personen, um sich mit ihnen über den Bewerber zu unterhalten. Man sollte dafür den Namen, die Position, die Telefonnummer sowie die E-Mail-Adresse der Referenzpersonen angeben. Diese Referenzen können übrigens sowohl ehemalige Arbeitgeber als auch Personen aus dem privaten Umfeld sein.

Zeugnisse und Beurteilungen können mit eingereicht werden, sofern sie für den Job relevant und in englischer Sprache verfasst sind. Für Gelegenheitsjobs sind in der Regel keine Zeugnisse nötig.

> **Empfehlungsschreiben**
>
> Um die Bewerbung für den nächsten Job leichter zu machen, sollte man seinen vorherigen Arbeitgeber um ein Empfehlungsschreiben bzw. ein Arbeitszeugnis bitten. Auch für spätere Jobbewerbungen in Deutschland können diese Zeugnisse nützlich sein.

Beim Vorstellungsgespräch (*interview*) zählt der erste Eindruck! Pünktliches Erscheinen ist Pflicht. Angemessene Kleidung, eine positive Körpersprache und selbstbewusstes Auftreten sowie Blickkontakt mit dem Gesprächspartner kommen gut an. Vorher sollte man sich gut auf das Gespräch vorbereiten, indem man sich möglichst intensiv über das Unternehmen informiert und sich Antworten auf mögliche Fragen des Arbeitgebers überlegt.

Sollte es mit dem Job nicht klappen – don't worry! Es war dann auf jeden Fall eine gute Übung und man lernt für das nächste Interview dazu.

6.6 Freiwilligenarbeit und WWOOFing

Viele Backpacker quartieren sich während ihrer Zeit in Neuseeland auf ökologischen Farmen und Bauernhöfen ein und helfen dort bei der täglichen Arbeit. Als Gegenleistung für ihren Einsatz erhalten sie kein Geld, sondern Unterkunft und Verpflegung.

Als Bezeichnung für diese Art der freiwilligen Arbeit hat sich der Begriff WWOOFing eingebürgert. Die Abkürzung steht für *Willing Workers On Organic Farms* oder auch *World Wide Opportunities On Organic Farms (WWOOF)*. In Neuseeland gibt es WWOOFing seit Anfang der siebziger Jahre.

Das Anliegen von WWOOFing ist, interessierten Teilnehmern persönliche Einblicke und Erfahrungen im biologischen Land- und Gartenbau zu ermöglichen. Auf diese Weise sollen ökologisches Bewusstsein und nachhaltiges Denken und Handeln gefördert werden.

Mitmachen ist ganz einfach. Für 40 NZD (Stand Mai 2013) wird man Mitglied bei *WWOOF New Zealand* und erhält Zugang zur Online-Datenbank mit den Adressen und Kurzbeschreibungen aller teilnehmenden Bauernhöfe auf der Nord- und Südinsel. Nun kann man in Ruhe schauen, welche Farmen interessant wirken und wo man arbeiten möchte. Hat man sich für einen oder mehrere Bauernhöfe entschieden, nimmt man Kontakt auf, stellt sich vor und fragt nach, ob Bedarf an „WWOOFern" für den gewünschten Zeitraum besteht. Bekommt man eine positive Antwort, kann man sich auf den Weg machen.

> **Nicht ohne Arbeitserlaubnis!**
> Vom gesetzlichen Standpunkt aus wird WWOOFing als bezahlte Arbeit angesehen, da man als Gegenleistung Kost und Logis erhält. Man darf also nur „WWOOFen", wenn man eine gültige Arbeitserlaubnis hat. Mit einem Touristenvisum ist WWOOFing nicht erlaubt. Das gilt auch für andere Freiwilligenarbeit, für die Unterkunft und Verpflegung oder andere Arten von Gegenleistungen (wie etwa Gutscheine) gewährt werden.

Woanders zu Hause – jeder Arbeitgeber hat seinen ganz eigenen Wohnstil

Richtig bewerben!

Die meisten *hosts* bekommen täglich Anfragen von arbeitsuchenden WWOOFern. Um mit seiner Bewerbung aus der Masse herauszustechen, sollte man etwas mehr bieten als die Erklärung „Ich möchte gern auf einer Farm arbeiten."

Ein paar Tipps:
- den Gastgeber persönlich anreden, den Namen findet man bei den Kontaktdetails
- einen freundlichen und höflichen Ton anschlagen
- sich selbst mit seinen Fähigkeiten und Hobbys vorstellen
- erklären, warum man gerade auf dieser speziellen Farm arbeiten möchte
- erläutern, was man zum Arbeitsalltag beitragen kann und wie die eigenen Erwartungen sind
- spezielle Ernährungsgewohnheiten angeben (Vegetarismus)

- angeben, in welchem Zeitraum und wie lange man auf der Farm bleiben will
- die eigenen Kontaktdetails nicht vergessen
- sich vorab für das Interesse bedanken und die Hoffnung auf eine Antwort zum Ausdruck bringen

Oft erhalten *hosts* zu knappe Anfragen, die kaum mehr als den Namen des Bewerbers enthalten. Damit ein Gastgeber bereit ist, einen völlig Fremden in sein Haus einzuladen, sollte man ihm schon mehr Informationen geben. Alles andere klingt nur nach einer Massen-E-Mail und man sollte sich in diesem Fall nicht wundern, wenn man keine Antwort erhält.

> **WWOOF-Mitgliedschaft**
> Die Anmeldung erfolgt online über **www.wwoof.co.nz/join.php** oder persönlich bei einem WWOOF-Vertreter (Hostels oder Bio-Läden – siehe **www.wwoof.co.nz/agents.php**). Im Mitgliedsbeitrag enthalten ist der Zugang zur Online-Version des Mitgliederverzeichnisses. Für 10 NZD extra kann man das Verzeichnis auch als Buch erwerben.

Ein paar Richtlinien machen das WWOOFing-Abenteuer zu einem schönen Erlebnis:

1. Farm-Porträt lesen. In der Beschreibung steht, wie die Farm aussieht und welche Arbeit einen erwartet. Man sollte wissen, was man will. Wer lernen möchte, wie man Schafe schert oder Kühe melkt, sollte nicht auf eine Gemüse-Farm gehen. Wer keine Tiere mag, sollte sich keinen Bauernhof aussuchen.
2. Rechtzeitig bewerben. Im Sommer sind einige Farmen bereits Wochen im Voraus „ausgebucht". Wer auf einer bestimmten Farm arbeiten möchte, sollte sich circa vier bis sechs Wochen vorher darum kümmern. Ohne Anmeldung auf einem Bauernhof aufzutauchen, sollte man besser vermeiden.
3. Mindestaufenthaltsdauer? Viele Farmer sehen es gern, wenn WWOOFer mindestens zwei Wochen bleiben. Andere haben diesbezüglich keine oder andere Anforderungen – vorher nachfragen!

4. Klare Absprachen. Es sollte vor der Anreise geklärt werden, welche Aufgaben man übernehmen wird, wie die Arbeitszeiten sind, welche Mahlzeiten inklusive sind und wo man schlafen wird. Details kann man vor Ort besprechen. Vegetarier sollten bei der Anmeldung sagen, dass sie sich fleischlos ernähren. Es gibt keinen schriftlichen Vertrag – es gelten die mündlichen Absprachen.
5. Neues Familienmitglied: Man sollte nicht vergessen, dass der WWOOFing-Aufenthalt auch für die Gastgeber eine besondere Erfahrung darstellt – schließlich erklären sie sich bereit, wildfremde Menschen in ihr Zuhause und ihre Familie aufzunehmen. Gegenseitiger Respekt ist daher eine Grundvoraussetzung.
6. Wissen nutzen. WWOOFing ist auch ein kultureller Austausch. Man kann voneinander lernen, Reisegeschichten und Kochrezepte austauschen und Insider-Tipps für den Neuseeland-Aufenthalt bekommen.
7. Planänderung. Es kann vorkommen, dass man eher aufbrechen will, als vereinbart war. In diesem Fall sollte man fair sein und seinen host rechtzeitig darüber informieren, damit dieser die Chance hat, andere WWOOFer als Ersatz einzustellen.

Regeln

Der WWOOFer verpflichtet sich, an sechs Tagen in der Woche jeweils vier bis sechs Stunden auf der Farm auszuhelfen. Welche Arbeiten das konkret sind, bestimmt der Gastgeber. Er verpflichtet sich, dem WWOOFer als Gegenleistung eine angemessene Unterkunft und drei Mahlzeiten am Tag zur Verfügung zu stellen. Ein Tag pro Woche ist arbeitsfrei.

Bei einem Blick in das Mitgliederverzeichnis wird man sehen, dass die Auswahl an Farmen extrem facettenreich ist – von der großen Gemüsefarm über den Milchbauernhof und das Öko-Hostel bis zur Selbstversorger-Familie – überall

Pause beim Pflanzen von Avocadobäumen auf einer Biofarm

werden WWOOFer gesucht. Die Palette der Jobs reicht dabei von der Tierbetreuung über Unkrautjäten bis zum Saubermachen und Kochen. Wer offen und flexibel ist, kann viel beim WWOOFing lernen, nicht nur über landwirtschaftliche Abläufe, sondern auch über die Lebensweise der Kiwis.

Was sagen die anderen?
Jeder registrierte WWOOFer erhält Zugangsdaten für den Mitgliederbereich auf der WWOOF-Website. Hier kann man sich auch die Profile der Gastgeber anschauen. Neben der Selbstdarstellung finden sich Kommentare von WWOOFern, die dort gearbeitet haben. Andersherum geben auch die hosts ihre Einschätzung zu den Helfern ab, die bei ihnen waren. Sein eigenes Profil sollte man mit Text und Fotos aktuell und informativ halten, denn viele *hosts* werfen bei einer Anfrage einen Blick darauf.

Und wenn es mir nicht gefällt?

Es kann passieren, dass man sich auf der Farm nicht wohl fühlt, weil man mit der Familie nicht warm wird oder sich ausgebeutet fühlt. Was nun? Grundsätzlich ist man nicht zum Bleiben verpflichtet. Trotzdem sollte man zunächst versuchen, die Probleme offen anzusprechen und sich um eine Klärung bemühen. Wenn sich nichts ändert, kann man natürlich jederzeit gehen.

WWOOFing ist kein Urlaub! Dessen sollte man sich immer bewusst sein. Es wird erwartet, dass man für Kost und Logis anständig arbeitet.

Conservation volunteer

Für Work-and-Travel-Reisende, die Neuseelands herrliche Natur nicht nur anschauen, sondern auch erhalten wollen, gibt es die Möglichkeit, sich als *conservation volunteer* zu engagieren und bei verschiedenen Projekten mitzuhelfen. Koordiniert wird die Freiwilligenarbeit von der Non-Profit-Organisation NZTCV (*New Zealand Trust for Conservation Volunteers*). Unter www.conservationvolunteers.org.nz kann man unter *noticeboard* seine Hilfe anbieten oder unter *projects* nach interessanten Projekten suchen und sich direkt bewerben.

Hinweis: Da die meisten Projekte gänzlich freiwillig sind, also keine Gegenleistung in Form von Unterkunft, Verpflegung oder Gutscheinen erbracht wird, können auch Backpacker ohne Arbeitserlaubnis daran teilnehmen.

Alternativen zum WWOOFing

Neben der bekannten Organisation WWOOF gibt es auch andere Verbände, die Farmarbeit zu ähnlichen Konditionen vermitteln:
FHINZ (Farm Helpers in New Zealand) – **www.fhinz.co.nz**. Mitgliedschaft inklusive Buch 25 NZD.
HelpX (Help Exchange) – **www.helpx.net**. Die Registrierung ist kostenlos, man muss in diesem Fall jedoch hoffen, von einem Gastgeber kontaktiert zu werden. Die *premier membership* kostet 20 EUR für zwei Jahre und bietet vollständigen Zugriff auf die Datenbank mit allen Informationen und Adressen.

7 | Wo schlafen? Unterkünfte für Work-and-Travel-Reisende

7.1 Hostel / Backpacker

Hostels, auch Backpackers genannt, sind unter Work-and-Travel-Reisenden die beliebteste Unterkunftsoption. Es gibt sie fast überall auf der Nord- und Südinsel, sie sind preiswert und praktisch. Hier treffen sich Leute aus aller Welt und aller Altersgruppen.

Da *Backpacker* keine geschützte Bezeichnung ist, kann sich theoretisch jede Unterkunft so nennen; dementsprechend variieren Größe, Aussehen, Ausstattung und Qualität. Es gibt die riesigen Bettenburgen in den Großstädten, engagierte Öko-Hostels, abgeschieden gelegene Farm-Backpacker, gemütlich eingerichtete Villen, coole Surfer-Treffs, romantische Strandhäuser, ehemalige Gefängnisse, aber leider auch schmuddelige Herbergen, die den Namen Unterkunft kaum verdienen.

Je nachdem, ob man in Partylaune ist oder es lieber ruhiger haben will, sollte man sein Hostel aussuchen. Als Faustregel gilt: Je mehr Betten ein Hostel hat, desto lebendiger und lau-

> **BBH-Verzeichnis**
>
> Im kostenlosen BBH Guide, der „Bibel" für alle Hostelsuchenden, finden sich Kurzbeschreibungen von über 280 Hostels inklusive Kontaktdetails. Alle Unterkünfte sind einem Ranking unterworfen (je höher die Prozentzahl, desto besser), das aufgrund von Kundenbewertungen errechnet wird. Das Verzeichnis liegt in Hostels, Cafés, Informationszentren etc. aus. Auch für Reisende, die nicht Mitglied bei BBH werden wollen, ist das Verzeichnis eine hilfreiche Übersicht der Übernachtungsmöglichkeiten. Sämtliche Informationen gibt es auch online unter **www.bbh.co.nz.**

Die meisten Hostels sind gemütlich und einladend eingerichtet (The Bug Backpacker, Nelson)

ter geht es dort zu. Viele große Häuser gelten zu Recht als *party places*. Familiärer und persönlicher sind die kleineren Hostels. Wo man lieber übernachten möchte, ist reine Geschmackssache. Eine Hilfe bei der Auswahl sind die Websites der einzelnen Hostels mit jeder Menge Fotos, wo man online auch direkt sein Bett reservieren kann, sowie natürlich Empfehlungen von anderen Reisenden und die Tipps in den Reiseführern.

Entsprechend ihren großen Unterschieden hinsichtlich Lage, Ausstattung, Größe und Qualität bieten Backpacker Übernachtungsoptionen für jeden Geldbeutel. Die folgenden Preise (pro Person) sind Richtwerte, einige Hostels liegen darunter oder darüber.

- *dorm* = fünf und mehr Betten, circa 21 bis 26 NZD
- *share* = drei bis vier Betten, circa 23 bis 26 NZD
- *double* = Doppelbett, circa 27 bis 35 NZD
- *twin* = zwei einzelne Betten, circa 25 bis 32 NZD
- *single* = ein Bett, ab circa 45 NZD
- *vans / tents* = Stellplatz für Campervan oder Zelt, circa 15 bis 20 NZD

In der Regel sind die *dorms* gemischt, es schlafen also Frauen und Männer im selben Raum. Einige Hostels bieten aber auch *girls only rooms* an, in denen nur Frauen untergebracht werden. Badezimmer und Toiletten werden von allen Gästen benutzt. Nur wer ein Zimmer mit ensuite bathroom mietet, hat sein eigenes Badezimmer mit WC.

Vor allem in der Hochsaison ist es ratsam, sein Bett rechtzeitig zu buchen, da ansonsten alles ausgebucht ist – schließlich möchte man nicht spätabends müde im Hostel ankommen und von einem Schild mit der Aufschrift „No Vacancy" begrüßt werden. Außerhalb der Saison reicht es aus, ein paar Tage vorher zu reservieren oder sogar erst am entsprechenden Tag einzuchecken. Viele Hostelbesitzer haben kein Problem damit, wenn man sich im Haus umschaut, bevor man sich entscheidet, ob man bleiben möchte. Wer plant, länger an einem Ort zu wohnen, sollte nach vergünstigten Wochentarifen fragen.

Entsprechend den unterschiedlichen Standards der Häuser ist auch die Ausstattung der Hostels sehr unterschiedlich. Einige sind sehr liebevoll und gemütlich eingerichtet, während andere eher spartanisch und einfallslos sind. Die Grundausstattung besteht aus der Rezeption, Schlafräumen, einem Aufenthaltsraum, Toiletten, Badezimmern, einem Raum mit Waschmaschine und Trockner und einer Küche.

> **Wäsche waschen**
> Hostels sind mit Waschmaschinen und oft auch Trocknern ausgestattet, die per Münzeinwurf funktionieren. Waschpulver kann man in den meisten Hostels an der Rezeption kaufen. Nicht wundern, in Neuseeland ist es üblich, die Wäsche kalt zu waschen, um Energie zu sparen – geduscht wird natürlich trotzdem warm.

Die allen Gästen zur Verfügung stehende Gemeinschaftsküche des Hostels ist gut ausgestattet mit Geschirr, Töpfen, Pfannen, Toaster und Wasserkocher. Oft gibt es darüber hinaus Küchengeräte wie Mikrowelle, Grill, Mixer u. Ä. Viele Hostels stellen ihren Gästen auch kostenlos Tee und Kaffee sowie Gewürze zur Verfügung.

Mitgebrachte Lebensmittel verstaut man im Kühlschrank oder in den Regalen. Es ist zu einer Regel geworden, dass man seine Lebensmittel in einer Tüte aufbewahrt und diese mit seinem Namen und dem Abreisedatum beschriftet. So landet man nicht versehentlich in fremden Vorräten und die Reinigungskräfte haben es leichter, herrenlose Joghurts oder Gemüsereste zu identifizieren.

Oft gibt es ein Fach für *free food*, wo Backpacker ihre übriggebliebenen und nicht mehr benötigten Lebensmittel lassen können, damit sich andere Reisende davon bedienen.

Zur Küche hat man jederzeit Zutritt (außer, wenn sie gerade gereinigt wird). Die Gäste können alle vorhandenen Geräte und Küchenutensilien benutzen. Dabei sollte es selbstverständlich sein, die Sachen hinterher abzuwaschen und wieder an ihren Platz zu stellen. Abends, wenn alle ihr Dinner kochen wollen, kann es am Herd eng werden. Doch mit gegenseitiger Rücksichtnahme ist das kein Problem.

Zu den Mahlzeiten setzt man sich in die mit Esstischen und Stühlen ausgestattete *dining area*. Daneben gibt es einen Lounge-Bereich mit Sofas und Sesseln, wo man zusammensitzt und sich mit anderen Leuten unterhält oder sich beim Lesen oder Musikhören entspannen kann.

Mit der zunehmenden Konkurrenz in den letzten Jahren hat sich das Serviceangebot der Hostels immer mehr verbessert. Die Besitzer lassen sich etwas einfallen, um die Reisenden in ihr Haus zu locken. Es wird vieles getan und angeboten, damit sich die Gäste wohl fühlen und das Hostel weiterempfehlen – große Terrassen, gepflegte Gärten, urige Grillplätze, Internetzugang (manchmal sogar kostenlos) oder eine hauseigene Bar. Zum Entspannen gibt es hin und wieder einen Pool, eine Sauna oder einen Whirlpool. Im Fernsehraum können sich die Gäste in der DVD-Bibliothek bedienen oder ein Buch aussuchen.

An der Rezeption gibt es einen kostenlosen Buchungsservice für Aktivitäten und Touren in der Region. Gäste können außerdem Fahrräder, Kajaks oder Surfbretter ausleihen.

Frisches Lesefutter

Wer gern und viel liest, wird sich freuen, ab und zu neue Bücher zu bekommen. Hostels bieten einen *book exchange* (auch *book swap* genannt) an: Man lässt ein Buch, das man ausgelesen hat, dort und sucht sich dafür ein anderes aus.

In der Nebensaison ist oft ein einfaches Frühstück im Übernachtungspreis inklusive. Manche Hostels bieten leckere Suppe, frisch gebackenes Brot, Schokoladenpudding oder süße Muffins an.

Vorsicht Diebe!

Leider gibt es sie überall – skrupellose Reisende, die sich am Eigentum anderer bedienen. Das ist ärgerlich, aber zum Glück nicht die Norm. In den Hostels werden Schließfächer angeboten, in denen wertvolle Dinge verwahrt werden können. Backpacker sollten immer ein kleines Vorhängeschloss dabei haben, da nicht alle Schließfächer über eines verfügen. Darüber hinaus sollte man selbst gut auf seine Sachen aufpassen und die teure Kamera, das Portemonnaie oder Klamotten nicht irgendwo herumliegen lassen. Gelegenheit macht Diebe.

Mitgliedschaft bei Hostelnetzwerken

Durch die Mitgliedschaft in einem der Hostelnetzwerke spart man 2 bis 4 NZD auf den normalen Übernachtungspreis und erhält Rabatte bei einigen Aktivitäten und Tourenanbietern. Die Mitgliedskarte erhält man in den jeweiligen Hostels oder auf den Websites der Verbände:

- **YHA** (Youth Hostel Association – www.yha.co.nz): weltweites Netzwerk mit circa 50 Hostels in Neuseeland. Eine einjährige Mitgliedschaft kostet 42 NZD (Stand Juni 2013). Der deutsche Jugendherbergsausweis gilt auch in den neuseeländischen YHA-Hostels.
- **BBH** (Budget Backpacker Hostels – www.bbh.co.nz): Netzwerk mit über 280 Hostels in Neuseeland. Die BBH Card kostet 45 NZD (Stand Juni 2013), 20 NZD Telefonguthaben für nationale und internationale Gespräche inklusive. Die Karte wiederaufladbar, zwölf Monate ab Kaufdatum gültig und nicht übertragbar.

- **VIP** Backpackers (www.vipbackpackers.com): VIP-Hostels gibt es in über 80 Ländern weltweit, circa 25 sind es in Neuseeland. Die Mitgliedschaft für ein Jahr kostet 37 NZD (Stand Juni 2013).
- **Nomads** (www.nomadsworld.com): Nomads-Hostels gibt es in Neuseeland, Australien, Fidschi, Thailand und weiteren Ländern. Die Mitgliedschaft für zwölf Monate kostet 19 NZD.

Survival Guide für's Hostel
- Ohrstöpsel mitnehmen, so schläft man auch dann friedlich, wenn der Zimmergenosse nachts Musik hört oder betrunken von der Party heimkehrt.
- Badelatschen besorgen, denn wenn alle Hostelgäste geduscht haben, macht sich das nicht nur optisch in den Duschen bemerkbar.
- Schließfächer nutzen (falls es sie gibt).
- Oft ist ein *share room* nicht teurer als ein *dorm*, doch es schlafen wesentlich weniger Leute darin.
- Die Mitarbeiter hinter der Rezeption kennen sich in der Gegend aus – fragen und Tipps bekommen!
- In Hostels kommt oft ein bunter Nationalitäten-Mix zusammen. Nicht vergessen, dass in jedem Land andere Sitten und Bräuche herrschen. Eine gute Chance, Toleranz und Flexibilität zu lernen.

7.2 Wohnungssuche

Wenn man längere Zeit an einem Ort bleiben möchte, kann man darüber nachdenken, sich ein Zimmer in einer Wohngemeinschaft zu suchen. Gerade, wenn man nach monatelangem Hostelleben den Luxus der eigenen vier Wände vermisst, ist eine *shared flat* eine gute Alternative.

Wohnungen, wie man sie in Deutschland kennt, sind in Neuseeland eher selten. Hier wohnt der Großteil der Bevölkerung in Häusern. Als WG teilt man sich ein Haus, zu dem Küche, Badezimmer, Wohnzimmer (*lounge*) und einige weitere Räume (*bedrooms*) gehören. Man hat sein eigenes Zimmer, der Rest des Hauses ist Gemeinschaftsbereich. Für viele Work-and-Travel-Reisende, die für ein paar Wochen oder Monate einen Job gefunden haben, ist es eine schöne Erfahrung, ein Zuhause zu haben, das sie mit netten Menschen teilen. Endlich keine täglich wechselnden Mitbewohner und kein Leben aus dem Rucksack mehr!

Es gibt mehrere Möglichkeiten, eine *shared flat* zu finden. Am einfachsten geht's über das Internet. Auf verschiedenen Websites kann man gezielt nach einem den eigenen Wünschen entsprechenden zukünftigen Zuhause suchen. Die bekanntesten sind:

www.trademe.co.nz/flatmates-wanted
www.nzflatmates.co.nz
www.flatfinder.co.nz

Außerdem erscheinen samstags in den Lokalzeitungen Wohnungsanzeigen. Auch in Cafés, Supermärkten oder Internetcafés kann man nach Aushängen Ausschau halten.

WG-Zimmer sind in der Regel möbliert (*furnished*), was gerade für Backpacker praktisch ist. Die Miete wird wöchentlich bezahlt und liegt je nach Stadt, Lage und Ausstattung des Hauses bei etwa 90 bis 250 NZD oder auch höher. Das Geld wird bar bezahlt oder überwiesen (*bank transfer*). Oft wird eine Kaution (*bond*), meistens in Höhe von zwei bis drei Wochenmieten verlangt, die zurückgezahlt wird, wenn man das Zimmer in ordentlichem Zustand übergeben hat.

Ein Mietvertrag ist nicht unbedingt üblich. Absprachen werden mündlich getroffen und das Mietverhältnis beruht auf gegenseitigem Vertrauen. Einige Vermieter werden jedoch einen Mietvertrag (*tenancy agreement*) unterzeichnen wollen.

Einzugstermine sind in Neuseeland sehr flexibel. Wenn das Zimmer frei ist, kann man sofort einziehen. Die Kündigungsfristen sind sehr kurz, oft nur zwei oder drei Wochen.

Wer nach einer Bleibe sucht, sollte auf folgende Dinge achten:
- Sind Nebenkosten, z. B. Strom, Heizkosten, Wasser, Internet, Fernsehen (Sky TV) in der Miete inklusive oder müssen diese Kosten zusätzlich bezahlt werden? Achtung: Da es in Neuseeland keine Zentralheizungen gibt, können die Stromrechnungen im Winter sehr teuer werden.
- Wie hoch ist die Kaution (*bond*)?
- Wie lang ist die Kündigungsfrist (*period of notice*)?
- Ist das Zimmer möbliert?
- Wie ist das Haus ausgestattet – sind Waschmaschine, Internet etc. vorhanden?

Gängige Abkürzungen in Wohnungsanzeigen sind folgende:
- *p/w* = per week (pro Woche)
- *n/s* = non smoker (Nichtraucher)
- *incl* = inclusive (inklusive)
- *furn* = furnished (möbliert)
- *OSP* = off street parking (eigener Parkplatz)
- *brm* = bedroom (Zimmer)
- *comfy* = comfortable (gemütlich)

Die richtige Gegend

Besonders in Großstädten sollte man vorher wissen, wie die Stadtteile heißen, in denen man gern wohnen möchte. Man sollte auch darauf achten, dass der Weg zur Arbeit nicht zu weit ist. Manchmal lohnt es sich, etwas mehr Miete zu zahlen, dafür aber die Kosten für die öffentlichen Verkehrsmittel zu sparen.

7.3 Gastfamilie

A home far away from home – eine Unterkunft mit Familienanschluss kann gerade in den ersten Tagen nach der Ankunft in Neuseeland eine schöne Option sein. Man fühlt sich nicht so einsam, hat ein Zuhause und liebe Menschen, die sich um einen kümmern und die man um Hilfe bitten kann. Außerdem ist man gleich von Anfang an gezwungen, Englisch zu sprechen, um sich zu verständigen.

Diverse Organisationen vermitteln Gastfamilien an Neuseeland-Besucher. Pro Woche zahlt man circa 180 bis 260 NZD für ein Zimmer bei einer Familie inklusive Verpflegung und Internetnutzung. Einige Organisationen berechnen zusätzlich Vermittlungsgebühren. Bei Interesse füllt man ein Formular aus, in dem persönliche Daten sowie Interessen und Wünsche abgefragt werden. Die Organisation kümmert sich dann darum, die passende Gastfamilie zu finden. Oft machen Gastfamilien eine Mindestaufenthaltsdauer von zwei Wochen zur Bedingung.

www.aucklandhomestays.info
www.homestayfinder.com
www.hostfamilies.co.nz
www.hippohomestay.com
www.kiwihomestay.co.nz

7.4 Camping

Campen ist eine preisgünstige Alternative zur Übernachtung im Hostel. Neuseeland ist ein Paradies für Campingfans und hat ein sehr gut ausgebautes Netz an Campingplätzen von einfach bis komfortabel. Infos unter www.camping.org.nz.

Wer beim Campen nicht auf einen gewissen Komfort verzichten möchte, mietet sich in einem *Holiday Park* ein. Hier

Unterwegs beim Wandern findet man die herrlichsten Campingplätze (Lake Wanaka)

gibt es Stellplätze (mit oder ohne Stromanschluss) für Zelte und Wohnmobile. Wer in einem richtigen Bett schlafen möchte, kann eine *cabin*, eine kleine Hütte, gerade so groß wie ein Zimmer buchen, in der zwei bis vier Personen schlafen können. *Holiday Parks* haben saubere sanitäre Einrichtungen mit Toiletten und Duschen, große Gemeinschaftsküchen sowie oft auch Barbecues, Internetplätze, Fernsehraum, spa pool und Waschküche. In der Nähe gibt es Einkaufsmöglichkeiten, wo Reisende ihre Vorräte aufstocken können. Die Preise pro Übernachtung variieren je nach Saison, Lage und Ausstattung. In der Regel zahlt man pro Person circa 17 bis 24 NZD für einen Zelt- oder Autostellplatz. In der Hochsaison unbedingt rechtzeitig buchen!

www.holidayparks.co.nz
www.top10.co.nz

Auch das *Department of Conservation* bewirtschaftet Campingplätze. Diese sind meist etwas abseits der normalen Touristenpfade und führen Reisende in besonders einzigartige Ecken der neuseeländischen Natur. Die Übernachtungspreise sind extrem günstig, jedoch muss man beim Komfort Abstriche machen. DOC-Campingplätze sind in verschiedene Kategorien unterteilt:

- *serviced* = 15 NZD
- *scenic* = 10 NZD (sehr beliebte Plätze, oft am Wasser)
- *standard* = 6 NZD
- *backcountry* = kostenlos oder 6 NZD
- *basic* = kostenlos

Plätze der „Luxusvariante" *serviced* haben Toiletten mit Wasserspülung, Duschen mit heißem Wasser, Trinkwasseranschluss, Kochgelegenheiten, Müllentsorgung und eine Zufahrt für alle Fahrzeuge.

Die übrigen Kategorien bieten entsprechend dem jeweiligen Preisniveau geringeren Komfort. Auf allen Campingplätzen gibt es Toiletten, einige mit Wasserspülung, jedoch meistens Komposttoiletten oder Plumpsklos (pit latrine oder umgangssprachlich long drop). Auf den einfachen Plätzen gibt es Wasserversorgung aus einem Tank oder in Form von Fluss- oder Seewasser (kein Trinkwasser!). Duschen gibt es auf den Plätzen der Kategorien standard, basic und backcountry in der Regel nicht.

Auf der DOC-Website gibt es nach Regionen sortiert eine Übersicht aller Campingplätze. In den DOC-Büros bekommt man kostenlos Broschüren mit den Conservation Campsites, jeweils für die Nord- und Südinsel, die alle wichtigen Informationen inklusive Kurzbeschreibungen, Adressen und Preise auflisten.

Campingplätze der Kategorie serviced müssen im Voraus gebucht und bezahlt werden, entweder über die DOC-Website oder in einem DOC-Büro. In der Hochsaison (zwischen dem 1. Oktober und dem 30. April) gilt das auch für einige Plätze der Kategorien scenic und standard (Informationen dazu auf der Website oder in den Broschüren). Alle übrigen Plätze funktionieren nach dem Prinzip *first come, first served*. Bezahlt wird entweder bei einem DOC-Mitarbeiter vor Ort oder an einem *self-registration stand*, oft eine kleine Box, in die das Geld eingeworfen wird (www.doc.govt.nz).

Freedom Camping ist nach wie vor sehr beliebt in Neuseeland. Die Möglichkeit, zu bleiben, wo es einem gefällt, ist Freiheit pur. Leider wurde dies in den vergangen Jahren zunehmend ausgenutzt – vermehrt fallen Reisende auf, die sich nicht darum kümmern, ob sie auf privatem Gelände oder Maori-Land parken, und die sich rücksichtslos Mensch und Natur gegenüber verhalten. Für Unmut sorgt vor allem, dass die illegalen Gäste nicht nur ihren Müll hinterlassen, sondern auch die Natur als öffentliche Toilette benutzen.

Laut dem *Freedom Camping Act*, dem Gesetz zum Camping in Neuseeland, ist das Übernachten auf öffentlichem Gelände erlaubt, solange es nicht durch Verbotsschilder untersagt ist. Einige Plätze erlauben das Campen nur, wenn sanitäre Einrichtungen an Bord des Wohnmobils vorhanden sind. Auf privatem Land ist das Campen grundsätzlich nicht gestattet, es sei denn, der Eigentümer erteilt dazu die Erlaubnis. Wildcamper, die sich nicht an diese Regeln halten und erwischt werden, müssen mit einem Strafgeld von mindestens 200 NZD rechnen.

In Neuseeland gibt es über 500 Freedom-Camping-Möglichkeiten. Wo diese sind, erfährt man in den regionalen *i-SITEs* (Besucherinformationszentren), von Einheimischen oder unter www.doc.govt.nz/freedomcamping.

Freies Camping ist kostenlos, aber umso mehr sind die Reisenden dazu aufgerufen, sich respektvoll und verantwortungsbewusst Menschen und Natur gegenüber zu verhalten und den Ort so zu hinterlassen, wie sie ihn vorgefunden haben. Alles getreu dem Motto: „Nimm nur Erinnerungen mit, lass nichts als Fußspuren zurück."

7.5 Couchsurfing

Die Alternative zur bezahlten Unterkunft heißt Couchsurfing – das Übernachten bei hilfsbereiten Fremden, die einem kostenlos einen Schlafplatz zur Verfügung stellen. Alles, was man dafür braucht, ist ein wenig Neugierde und Offenheit. Und Abenteuerlust, denn beim Couchsurfing weiß man nie, was einen erwartet.
Übersicht einiger Gastfreundschaftsportale:
www.couchsurfing.org
www.hospitalityclub.org
www.belodged.com
www.globalfreeloaders.com
www.bewelcome.org

So geht's

- Anfragen nur an Gastgeber schicken, die sich und ihre Couch ausführlich beschreiben und gute Referenzen haben.
- Reisende, die in der Anfrage mehr als nur einen Satz schreiben, werden es leichter haben, einen Schlafplatz zu finden.
- Eigenes Essen mitzubringen, sollte selbstverständlich sein.
- Den Platz immer so verlassen, wie man ihn vorgefunden hat.
- Couchsurfing ist Kulturaustausch. Also nicht im Zimmer verkriechen, sondern am Leben des Gastgebers teilnehmen.
- Kleine Geschenke kommen immer gut an, sei es in Form eines Souvenirs, eines spendierten Kaffees oder eines selbst gekochten Abendessens.
- Couchsurfing ist nicht mit der Unterkunft in einem Hotel zu verwechseln – man darf daher auch keine dementsprechenden Ansprüche stellen!

Couchsurfing ist zur beliebten Alternative bei der Suche nach einer Unterkunft geworden

Die Idee hinter den Gastfreundschaftsnetzwerken ist simpel. Menschen aus aller Welt bieten Reisenden unentgeltlich einen Platz zum Übernachten an – wobei „Couch" nicht nur wörtlich, sondern auch als Synonym für einen Platz auf dem Fußboden, eine Matratze, ein Bett, einen Campervan oder sogar ein eigenes Zimmer zu verstehen ist.

Alles, was man tun muss um mitzumachen, ist sich in einem der Netzwerke zu registrieren. Man muss übrigens nicht selbst einen Schlafplatz anbieten, um Mitglied zu werden. Nach der Anmeldung kann man sein eigenes Profil mit Informationen und Fotos füllen. Und schon geht die Suche nach möglichen Gastgebern los.

Neuseeland hat jede Menge registrierte Couchsurfer, die Reisenden einen Platz zum Schlafen anbieten. Von Whangarei über Auckland, Palmerston North, Wellington, Nelson und Christchurch bis nach Invercargill sind Übernachtungsoptionen in fast allen Regionen dabei. Hat man einen netten Kontakt gefunden, schreibt man eine Nachricht, stellt sich vor und bittet um Unterkunft.

Sicherheit geht vor!

Kann man einem Fremden trauen? Regeln für sicheres Couchsurfing.

- Das Profil mit persönlichen Informationen und Fotos und mehr noch Bewertungen und Referenzen sagen viel über die Gastgeber aus – daher genau durchlesen!
- Bei Couchsurfing.org gibt es ein offizielles Prüfsiegel, das Namen und Adresse des Gastgebers verifiziert. Dieses wird vom Unternehmen gegen eine Gebühr vergeben, weshalb nicht jeder davon Gebrauch macht.
- Mitglieder, die sich persönlich kennen, können füreinander bürgen. Je mehr für einen bürgen, desto besser.
- Schon vor der Reise mit dem Gastgeber per E-Mail oder telefonisch in Kontakt treten, um einen ersten Eindruck von ihm zu bekommen.
- Allein reisende Frauen sollten einen Schlafplatz bei anderen Frauen suchen.
- Zur Sicherheit sollte man die Adresse, wo man übernachtet, immer Freunden mitteilen.
- Falls die Chemie nicht stimmt oder einem die Situation zwielichtig vorkommt, kann man jederzeit gehen. Es ist gut, dann einen Plan B in Form einer Hosteladresse parat zu haben.

Kulturaustausch, nicht nur kostenloser Schlafplatz!

Das Prinzip ist einfach: Gastfreundschaft gegen persönliche Erfahrungen. Couchsurfing ist mehr als ein Schlafplatz für die Nacht. Menschen begegnen sich, tauschen Geschichten aus, diskutieren über Gott und die Welt, genießen internationales Essen und bleiben vielleicht sogar Freunde. Viele Gastgeber wollen Reisenden den Aufenthalt in ihrem Haus so angenehm wie möglich machen. Gern schlüpfen sie in die Rolle eines Tour-Guides, Kochs oder Szenekenners. Wer gut zuhört und viel fragt, kriegt die besten Insider-

Der Fox-Gletscher an der Westküste der Südinsel fließt bis auf 300 m über N.N. ins Tal

tipps, die garantiert in keinem Reiseführer zu finden sind. Couchsurfing ist ein weltweites Netzwerk für Menschen, die Menschen mit ähnlichen Interessen kennenlernen wollen. Es ist eine Gemeinde von Gleichgesinnten, kein kostenloser Service. Man sollte nie Couchsurfer werden, nur weil man Geld sparen will.

Übrigens teilen Couchsurfer nicht nur ihr Heim, sondern auch gern spezielle Erlebnisse. Nicht jedes Mitglied hat ein freies Bett, doch einige laden Besucher gern ein, mit ihnen die Stadt zu erkunden, sich auf einen Drink zu treffen oder Neuseelands Natur kennenzulernen.

8 | Herumreisen

Wenn man in Neuseeland ist, will man so viel wie möglich vom Land sehen. Doch wie reist man am besten und günstigsten herum? Es gibt verschiedene Möglichkeiten, von A nach B zu kommen. Nicht jeder Backpacker kann oder will sich ein Auto leisten. Da ist es gut, dass man auch auf andere Weise reisen kann – mit dem Bus, mit dem Zug, mit der Fähre, mit dem Flugzeug oder auch mit dem Fahrrad oder zu Fuß. Jeder muss selbst entscheiden, welche Fortbewegungsmöglichkeit am besten passt. Um Neuseeland mit allen Facetten kennenzulernen, sollte man alles einmal ausprobieren.

8.1 Eigenes Auto – Tipps zum Autokauf

Viele Backpacker planen früher oder später, sich ein eigenes Auto zu kaufen, um damit herumzureisen. So ist man unabhängig von Fahrplänen, kann auch entlegene Ecken erkunden und bestimmt selbst Routen, Tempo und Pausen. Für Work-and-Travel-Reisende, die länger als drei Monate in Neuseeland bleiben, ist es in der Regel kostengünstiger, ein Auto zu kaufen, als eines zu mieten.

Ein Auto oder einen *Campervan* (ein Kleinbus bzw. Kleintransporter, der so ausgebaut ist, dass er Platz für ein Bett, oft auch eine Kochgelegenheit und weiteren Stauraum bietet) in Neuseeland zu kaufen, ist nicht sehr schwierig. Trotzdem sollte man sich dafür ein wenig Zeit nehmen und die Entscheidung nicht überstürzen! Mit viel Pech kauft man sonst einen Schrotthaufen, den man ständig zur Reparatur bringen muss und damit kostbare Reisezeit und das schwer verdiente Budget verplempert. Also lieber vorher in Ruhe umschauen.

Angebote gibt es reichlich – im Internet, im Anzeigenteil der Tageszeitung, an den Schwarzen Brettern im Hostel, auf

Büros der Automobile Association (entspricht unserem ADAC) gibt es in jeder größeren Stadt

dem *Backpackers Car Market,* auf *car fairs* oder am Straßenrand. Autos werden das ganze Jahr über gekauft und verkauft. Jedoch bestimmen auch hier Angebot und Nachfrage die Preise: Zu Beginn und während der Hochsaison sind Autos teurer und in der Nebensaison fallen die Preise. Will man einen guten und verlässlichen Pkw, sollte man circa 2.000 NZD einplanen, für einen Van mindestens 3.000 NZD. Nach oben gibt es preismäßig keine Grenze und auch darunter sind noch gute Fahrzeuge zu kriegen.

In der Regel werden die Autos von Backpacker zu Backpacker weitergereicht. Deshalb haben Reisende in den Großstädten Auckland, Christchurch und Wellington die besten Chancen, ein Auto zu finden – der eine reist ab und will sein Auto verkaufen, der andere kommt an und braucht ein Auto. Jedoch bestätigen Ausnahmen die Regel – manchmal findet man in kleineren Städten ein Top-Angebot. Wer nicht in Eile ist, sollte auf ein Auto warten, das von Zustand, Ausstattung und Preis her überzeugt, bevor er zuschlägt.

Ein guter Ausgangspunkt für die Suche nach Angeboten sind Internetportale wie
- Trade Me: www.trademe.co.nz/motors
- Backpackerboard: www.backpackerboard.co.nz/noticeboard/cars-campervans.php
- BBH: www.bbh.co.nz – („Notice Boards" – „Vehicle Buy/Sell").

Autos werden auch per Aushang an den Schwarzen Brettern in Hostels, Supermärkten, Bibliotheken oder Cafés angeboten, samstags in den Tageszeitungen sowie in speziellen Anzeigenblättern inseriert (im Hostel fragen, wann letztere erscheinen). Viele private Verkäufer hängen auch einfach einen Zettel mit Informationen zum Fahrzeug und Kontaktdetails hinter die Scheibe ihrer Autos, die oft am Straßenrand geparkt werden – bei Interesse kann man sich einfach beim Verkäufer melden.

Nützliche Links rund um den Autokauf:

- www.backpackerboard.co.nz/articles/buying-car-new-zealand.php – Artikel mit Tipps zum Autokauf
- www.aa.co.nz/motoring/buy-sell/cars-for-sale/how-to-buy-a-used-car – Übersicht mit Tipps zum Autokauf

Kaufen in Auckland, verkaufen in Christchurch

Für die meisten Reisenden ist Auckland der Start- und Endpunkt ihrer Neuseelandreise. Folglich wollen viele Backpacker in Auckland ein Auto kaufen und auch wieder verkaufen. Für den Kauf ist das natürlich gut – eine große Auswahl potentieller Autos wartet. Für den Verkauf ist es weniger positiv – die Konkurrenz durch andere verkaufswillige Backpacker ist groß. Wer sein Auto am Ende des Trips in Christchurch verkauft, hat daher oft bessere Chancen, das Auto schnell und zu einem guten Preis an den Mann zu bringen. Von Christchurch kann man dann einen Inlandsflug nach Auckland buchen.

- www.nzta.govt.nz/vehicle/choosing/tips.html – Tipps zum Autokauf von der New Zealand Transport Agency (NZTA)

Eine weitere gute Adresse sind Gebrauchtwagenmärkte, die es in den Großstädten gibt. An der Rezeption im Hostel gibt man sicher gern Auskunft, wo und wann diese stattfinden. In Auckland gibt es zwei große car fairs. Käufer und Verkäufer verhandeln dort direkt miteinander. Es gibt Mechaniker vor Ort, die auf Wunsch das Auto checken. Kommt ein Kauf zustande, kann man alle weiteren nötigen Schritte dort regeln und das Auto anschließend gleich mitnehmen.

Auckland City Car Fair
27 Alten Road, Auckland City
Öffnungszeiten: jeden Samstag von 9 Uhr bis 13 Uhr
www.aucklandcitycarfair.co.nz

Auckland Car Fair
Ellerslie Racecourse, Greenlane 1051, Auckland
Öffnungszeiten: jeden Sonntag von 9 Uhr bis 12 Uhr
www.carfair.co.nz

In Auckland und Christchurch werden auf dem *Backpacker Car Market* die Autos direkt von den Backpackern zum Kauf angeboten. Oft sind jedoch die Preise ziemlich überhöht, da die Eigentümer natürlich gutes Geld für ihr Auto bekommen wollen, aber auch die Gebühren seitens des *Car Market* gedeckt werden müssen. Trotzdem lohnt es sich vorbeizuschauen, denn Backpacker, deren Abflugdatum unmittelbar bevorsteht, geraten unter Zugzwang und sind eher bereit, mit dem Preis herunterzugehen.

Wer ein Auto von einem Mechaniker prüfen lassen will, sollte nicht unbedingt in die vom *Backpacker Car Market* empfohlene Werkstatt gleich um die Ecke gehen. Oft geben diese unzureichende Auskunft über den Zustand des Autos. Lieber etwas weiter fahren, um eine objektive Meinung einzuholen.

Altauto mit Charme, aber wahrscheinlich für Work-and-Travel-Reisende nicht erschwinglich

B.C.W. Auckland Car Market
20 East Street, Auckland 1010
Tel: (09) 377 7761
Öffnungszeiten: täglich von 9.30 Uhr bis 17 Uhr
www.backpackercarworld.com

Backpackers Car Market Christchurch
33 Battersea Street, Christchurch
Tel: (03) 377 3177
Öffnungszeiten: täglich von 9.30 Uhr bis 17 Uhr
www.backpackercarschristchurch.co.nz

Auch Autohändler können eine Fundgrube für das passende Fahrzeug sein. Hier gibt es Gebrauchtwagen in allen Ausführungen. Zwar sind die Preise nicht unbedingt die günstigsten, dafür ist die Kaufabwicklung schnell und unkompliziert. Viele Autohändler bieten außerdem eine *buy back guarantee*. Das bedeutet, dass beim Kauf eines Autos ein Rückkaufpreis vereinbart wird, zu dem der Händler das Auto nach der Rundreise wieder zurücknimmt. Der riesige Vorteil ist, dass man am Ende der Reise keine Zeit zum Verkauf des

Autos einplanen muss, sondern Neuseeland quasi bis zum letzten Tag mit Auto genießen kann.

Achtung: Unter den Autohändlern gibt es leider schwarze Schafe, die den Zeitdruck und die Ahnungslosigkeit gerade angekommener Backpacker ausnutzen und als sogenannte *special deals* völlig überteuerte Autos verkaufen. Es ist damit nicht gesagt, dass die Autos in einem schlechten Zustand sind, doch ein Schnäppchen macht man nicht unbedingt. Gucken kostet jedoch nichts und vielleicht hat man Glück.

Eine Adresse mit bestem Service und guten Referenzen ist *Kiwi Cruise Control* in Auckland. Hier findet man nicht nur Gebrauchtwagen zu fairen Preisen, sondern kann sich auch vom Flughafen abholen lassen, erhält erste Fahrübungen im Linksverkehr und kann Fragen zum Neuseeland-Aufenthalt loswerden. Das Team schaut sich auf Anfrage gern schon vorab nach einem passenden Fahrzeug um, so dass man bei der Ankunft in Neuseeland gleich sein eigenes Auto hat. www.kiwicruisecontrol.de

Alte Autos mit Charme

Wer wenig Geld ausgeben möchte, sollte nicht mit deutschen Maßstäben an den Autokauf herangehen. In Neuseeland haben die meisten Gebrauchtwagen schon einige Jahre und Kilometer auf dem Buckel. Ein zehn Jahre altes Auto mit über 250.000 gefahrenen Kilometern ist nicht ungewöhnlich. Doch sie fahren! Oft haben die Autos, wenn sie längere Zeit in Backpacker-Hand waren, auch bereits eine lange Liste an Vorbesitzern.

Beliebte Automarken

Toyota, Subaru, Mitsubishi oder Nissan sind beliebte Automarken bei Backpackern und Kiwis gleichermaßen. Das bedeutet, dass im Fall der Fälle Ersatzteile einfach und günstig zu bekommen sind und dass man beim Autoverkauf am Ende der Reise das Fahrzeug auch *locals* anbieten kann.

Egal, ob man ein interessantes Angebot auf TradeMe, über einen Händler oder durch eine Anzeige findet, der Autokauf läuft in der Regel so ab:

Das gewisse Extra...
Wer Glück hat, kauft mit dem Auto auch gleich ein bisschen Extra-Ausrüstung, die der Vorbesitzer im Fahrzeug gelassen hat. Das können Essgeschirr, Matratze, Campingstühle, Tisch, Gaskocher oder batteriebetriebene Lampen sein.

1. Man kontaktiert den Verkäufer (Händler oder Privatperson) und vereinbart einen Termin zur Besichtigung und Probefahrt.
2. Anschließend sollte man das Auto zu einer *pre purchase inspection* bringen. Diese wird von der AA (*Automobile Association*, www.aa.co.nz/motoring/buy-sell/pre-purchase-vehicle-inspections) und verschiedenen Autowerkstätten angeboten. Der Check ist auf jeden Fall ratsam, wenn man selbst keine Ahnung von Autos hat und vermeiden möchte, einen Schrotthaufen zu kaufen. Die unabhängige Überprüfung kostet bei der AA 169 NZD (Stand Juni 2013). Wer plant, für tausende Dollar ein Auto zu kaufen, sollte diese Investition nicht scheuen. Etwas Zeit einplanen, die Untersuchung dauert circa ein bis zwei Stunden.
3. Wer sicher sein will, dass das Auto keine schockierende Unfall-Geschichte oder mehr Vorbesitzer hat, als der Verkäufer zugeben will, und dass keine offenen Strafzettel existieren (die beim Kauf auf den neuen Besitzer übergehen würden), zahlt eine weitere Gebühr für einen *history check* inklusive *vehicle report*. Das geht ganz einfach online, indem man das Auto-Kennzeichen und seine Kreditkartendetails eingibt – kurze Zeit später erhält man per E-Mail einen kompletten Report.
   Anbieter für diesen Service (Stand Juni 2013):
   www.carjam.co.nz (15 NZD)
   www.motorweb.co.nz (20 NZD)
   www.aa.co.nz/motoring/buy-sell/vehicle-history-checks-and-reports (25 NZD)

„Leb' oder stirb!" Besser, man hält sich links

4. Ist alles okay, wird das Auto gekauft und bezahlt, in der Regel bar.
5. Jetzt folgt noch ein wenig Papierkram, denn das Auto muss auf den neuen Besitzer überschrieben werden. Im *PostShop* bekommt man die Formulare für die *change of ownership*. Diese müssen sowohl vom Käufer (MR13B) als auch vom Verkäufer (MR13A) ausgefüllt und wieder im *PostShop* abgegeben werden. Beim Ausfüllen des Formulars muss der Käufer eine Adresse in Neuseeland angeben (z. B. eine Adresse von Freunden oder des Hostels), an die dann die Fahrzeugpapiere geschickt werden. Zum Abschluss zahlt der Käufer die Gebühr in Höhe von 9 NZD (Stand Juni 2013). Fertig!

Eine Versicherung für das Auto abzuschließen ist in Neuseeland keine Pflicht. Trotzdem ist es ratsam, zumindest eine *third party insurance* zu haben. Diese deckt bei einem Unfall zwar nicht die Schäden am eigenen Auto, aber zumindest die am beteiligten Fahrzeug bzw. an Gegenständen, die man angefahren hat.

Eine *third party insurance* kostet je nach Versicherer ab circa 250 NZD für zwölf Monate. Der Preis hängt von verschiedenen Faktoren ab, wie z. B. dem Alter des jüngsten Fahrers, der Versicherungsdauer, der Anzahl der Fahrer, dem Auto-Model, dem Alter des Autos u. v. m. Es lohnt sich auf jeden Fall, sich von verschiedenen Anbietern einen Kostenvoranschlag (*quote*) geben zu lassen und die Preise und Konditionen zu vergleichen.

Ein Selbstbehalt in Höhe von 500 NZD ist bei den meisten Versicherern üblich, gegen einen Aufpreis kann man diesen Betrag reduzieren. Die abgeschlossene Versicherung ist nicht übertragbar und es werden keine zu viel gezahlten Prämien zurückerstattet (wenn man z. B. Neuseeland eher verlässt).

Versicherungsunternehmen wie *Tower* (www.tower.co.nz), *AMI* (www.ami.co.nz), *State* (www.state.co.nz) oder auch die *Kiwibank* (www.kiwibank.co.nz/personal-banking/insurance/vehicle.asp) und die *AA* (www.aainsurance.co.nz) haben diese Versicherung im Programm. Auch das BBH-Netzwerk bietet eine *third party insurance* an (www.bbh.co.nz).

Zwei weitere Dinge, die beim eigenen Auto unbedingt wichtig sind, sind *Warrant of Fitness* (WoF) und *vehicle license*. Der WoF ist mit dem deutschen TÜV vergleichbar. Es wird gecheckt, ob das Auto fahrtüchtig ist. Bei älteren Autos (über sechs Jahre) muss dieser Check alle sechs Monate erneuert werden. Der Test kostet circa 50 NZD (Stand Mai 2013) und kann bei der AA, bei VTNZ (*Vehicle Testing New*

> **Road User Charges (RUC)**
> Diese Gebühr wird für Autos fällig, die mit Diesel fahren. Die Steuer berechnet sich nach gefahrenen Kilometern. Für Fahrzeuge unter 3,5 Tonnen sind 48 NZD pro 1.000 Kilometer zu zahlen (Stand Mai 2013). *RUC licenses* können im PostShop und in AA- und VTNZ-Niederlassungen in 1.000er-Abstufungen gekauft werden.
>
> **QR CODE:** Informationsblatt zu Road User Charges (herausgegeben von der New Zealand Transport Agency, Pdf, 156 KB)

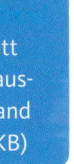

Zealand – www.vtnz.co.nz) oder WoF-lizensierten Werkstätten gemacht werden. Die Mechaniker prüfen die Funktionstüchtigkeit von Bremsen, Reifen, Scheinwerfern und Blinklichtern, Lenkung und Sicherheitsgurten. Gibt es Beanstandungen, hat man Zeit, die Schäden reparieren zu lassen, und muss das Auto dann erneut vorstellen. Geschieht dies innerhalb von 28 Tagen und bringt man das Auto zum selben Inspekteur, ist die Wiederholungsuntersuchung kostenlos. Der WoF-Aufkleber wird auf der Windschutzscheibe auf der Fahrerseite angebracht.

Die *vehicle license* (auch *rego* genannt) berechtigt den Fahrer, das Auto im Straßenverkehr zu nutzen. Nicht zugelassene Autos dürfen nicht gefahren werden. Man kann selbst entscheiden, für welchen Zeitraum man sein Auto anmelden möchte. Die Kosten (für ein Benzin-Auto) liegen für drei Monate bei circa 70 NZD, für sechs Monate bei etwa 140 NZD und für zwölf Monate bei circa 280 NZD (Stand Juni 2013). Bezahlen kann man die Gebühr in *PostShops* sowie in AA- und VTNZ-Büros. Man erhält eine kleine Karte, auf der das Gültigkeitsdatum aufgedruckt ist, die man an der Windschutzscheibe, gewöhnlich auf der Beifahrerseite in der unteren Ecke, befestigen muss.

Automobile Association (AA)

Die *AA* ist der neuseeländische Automobilklub, so etwas wie der *ADAC*. Wenn man mit dem Auto liegen bleibt, hilft der Pannenservice weiter. Reisende, die beim *ADAC* Mitglied sind, können bei der *AA* für sechs Monate kostenlos Mitglied werden. Neben *roadservice and breakdown assistance* hilft die *AA* auch mit Kartenmaterial, Informationsbroschüren und Beratung zu Themen wie Autokauf, Verkehrsregeln oder Versicherungen weiter. In den *AA*-Werkstätten kann man sein Auto checken und reparieren lassen. **www.aa.co.nz**

Allgemeine Informationen zum Autofahren

Die wichtigste Regel in Neuseeland ist – links bleiben! Auch wenn man es aus Deutschland anders gewohnt ist, in Neuseeland herrscht überall Linksverkehr. Daher sollten Reisende vor allem in den ersten Wochen besonders vorsichtig und aufmerksam sein, um sich an das Fahren auf der linken Straßenseite zu gewöhnen.

Das neuseeländische Straßennetz ist sehr gut ausgebaut, man kommt in alle möglichen entlegenen Winkel des Landes. Einige Wege sind jedoch nur für Autos mit Allradantrieb (4WD = *four wheel drive*) befahrbar.

In den größeren Städten gibt es die *motorways*, mehrspurige Straßen, die in die Städte hinein und aus ihnen heraus führen, teilweise aber auch innerhalb der Stadt genutzt werden. Diese gehen in die *highways* über, die zweispurig sind, aber an vielen Steigungen zusätzlich eine Überholspur haben. Langsam fahrende Autos bleiben links und können von schnelleren Fahrern rechts überholt werden. Oft sind diese *highways* gut ausgebaute Landstraßen, doch manchmal können sie extrem eng und kurvig sein. Schilder geben dann Geschwindigkeitsempfehlungen, an die man sich unbedingt halten sollte. Zudem wird man an Brücken kommen, über die der Verkehr einspurig geleitet wird (*one-lane bridge*). Schilder regeln dort die Vorfahrt.

Autofahrer werden außerdem feststellen, dass Leitplanken

> **Wichtige Regeln**
> - Links fahren!
> - Das Tempolimit in geschlossenen Ortschaften ist 50 km/h, außerhalb 100 km/h.
> - Es gilt Anschnallpflicht für alle Insassen.
> - Eine durchgezogene gelbe Linie in der Mitte der Straße bedeutet Überholverbot.
> - Fahrer dürfen während der Fahrt nicht telefonieren.
>
> Polizisten überwachen die Einhaltung der Regeln sehr genau. Zwar sind sie freundlich, doch bei Verstößen gegen die Verkehrsordnung auch gnadenlos – es gibt saftige Bußgelder.
>
> **QR CODE**: Informationsblatt mit den wichtigsten Regeln zum Autofahren in Neuseeland. (Pdf, 152 KB)

längst nicht so üblich sind wie in Deutschland. Gerade auf kurvigen Bergstrecken sollte man daher seine Augen auf der Straße behalten, denn gleich daneben geht es steil hinunter. Abseits der *highways* gibt es oft ungeteerte Straßen (*gravel road*). Eine angemessene Geschwindigkeit ist hier ratsam, denn wer zu schnell fährt, schleudert Staub und Steine auf, und es kann rutschig werden.

Wer mit dem Auto unterwegs ist, wird schnell feststellen, dass die Entfernungen in Neuseeland längst nicht so kurz sind, wie sie erscheinen. Geschwindigkeitsbegrenzungen, kurvige Straßen, hügelige Landschaften und Aussichtspunkte unterwegs, an denen man natürlich anhalten will, verlängern die vermeintlich kurze Strecke. Touren sollte man daher gut planen und vielleicht vorher einen Entfernungsrechner zu Rate ziehen, z. B. www.aatravel.co.nz/main/td-calculator.php.

Vorsicht Diebstähle!

Gerade auf einsamen Parkplätzen, z. B. am Anfang von Wanderwegen, kommt es vor, dass Backpacker-Autos aufgebrochen werden, da die Diebe wissen, dass Work-and-Travel-Reisende ihr gesamtes Hab und Gut dabei haben. Man sollte darauf achten, die wichtigsten Sachen immer mitzunehmen und nicht zurückzulassen. Wer längere Wanderungen plant, sollte im Hostel fragen, ob man das Auto dort parken kann.

Am Ende der Reise – Autoverkauf

Auf keinen Fall sollte man den Fehler machen, den Verkauf des Autos bis zur letzten Sekunde hinauszuzögern. Es kann passieren, dass die Nachfrage gerade nicht so hoch ist und man dann das Auto für viel weniger verkaufen muss, als man eingeplant hatte, um es überhaupt loszuwerden. Beim Verkaufspreis sollte man realistisch sein und überlegen, was das

Auto wirklich wert ist. Lieber einen fairen Preis verlangen und zehn Interessenten haben, als zu versuchen, das Fahrzeug übertreuert zu verkaufen und keinen Käufer zu finden.

Drei bis vier Wochen vor der Abreise kann man das Auto schon mal auf den bekannten Webseiten (siehe Informationen zum Autokauf Seite 149) anbieten. Man sollte dazu schreiben, ab wann das Auto verfügbar ist, damit potentielle Käufer wissen, woran sie sind.

Wer die letzten zwei Wochen in der Nähe von Auckland oder Christchurch verbringt, hat die besten Chancen, sein Auto zu verkaufen. Dafür nutzt man die Kanäle, die man vorher als Käufer genutzt hat – nur diesmal aus der anderen Perspektive:

- Flyer an den Schwarzen Brettern von Hostels, Internetcafés und Cafés aushängen – je auffälliger, je besser.
- Online-Foren wie *Trade Me, Backpacker Board* oder *BBH* nutzen. Achtung, *Trade Me* verlangt eine Gebühr für das Einstellen des Angebots (*listing fee,* 39 NZD, Stand Juni 2013) und für den erfolgreichen Verkauf (*success fee,* 1,95 % des Verkaufspreises, aber maximal 49 NZD, Stand Juni 2013).
- „For Sale"-Schild am Auto anbringen, auf dem die wichtigsten Informationen zu finden sind – unbedingt die eigene Handynummer mit angeben!
- *Backpacker Car Markets* in Auckland oder Christchurch besuchen und dort das Auto anbieten. Für drei Tage zahlt man in Auckland 105 NZD (Stand Mai 2013) für einen Stellplatz und in Christchurch 95 NZD (Stand Mai 2013).
- Autohändler kaufen auch von Backpackern Autos an. Großer Nachteil: Man muss hier das Geld nehmen, was einem angeboten wird, was oft leider wesentlich weniger ist, als erhofft.
- Und nach dem Verkauf nicht vergessen, das Auto auf den Käufer umzumelden!

8.2 Auto mieten

Ein Auto zu mieten, macht finanziell nur für einen kurzen Zeitraum Sinn. Wer länger als zwei oder drei Monate einen fahrbaren Untersatz haben will, sollte in Erwägung ziehen, ein Auto zu kaufen. Braucht man nur für einige Wochen ein Auto, lohnt sich hingegen ein Mietwagen.

Egal, ob man lieber einen sportlichen Kombi, einen gemütlichen Mini-Van oder ein geräumiges Wohnmobil haben möchte – in Neuseeland gibt es eine riesige Auswahl an Autovermietungsfirmen, die Fahrzeuge aller Art, Größe und Ausstattung anbieten. Ein Vergleich lohnt sich, denn die Unterschiede bei Preisen und Mietkonditionen sind teilweise recht groß. In der Nebensaison (April bis Oktober) sind die Preise deutlich günstiger als in der Hochsaison (November bis März).

Sehr beliebt sind die umgebauten Mini-Vans oder Kleinbusse, die komplett mit Bett, Kochgelegenheit, Kühlbox, DVD-Spieler plus Bildschirm sowie Wassertank und Tisch ausgestattet sind. Die Grundausrüstung, zu der Bettzeug (nicht überall inklusive Bettwäsche!), Kochgeschirr und Küchenutensilien gehören, ist ebenfalls im Mietpreis enthalten. Andere Dinge wie Campingtisch und -stühle, Solardusche oder Wärmflaschen kann man zusätzlich mieten. Das einzige, was diese Raumwunder nicht haben, sind Toilette und Abwassertank. Diese gibt es dann in der nächsten Kategorie, den Wohnmobilen, die um einiges größer und luxuriöser ausgestattet sind – fast schon ein kleines Haus auf Rädern.

Auch Pkws sind sehr populär bei Work-and-Travel-Reisenden. Vermietungsfirmen bieten eine große Auswahl an allen möglichen Modellen. Vor allem ältere Autos, die zwar nicht mehr nagelneu aussehen, aber trotzdem noch einwandfrei fahren, werden gern von Backpackern gemietet, da sie preislich sehr günstig sind.

Für Campingzwecke umgebaute Mini-Vans sind sehr beliebt

Bekannte Anbieter von Mietfahrzeugen in Neuseeland:
Apollo www.apollocamper.co.nz (auch Pkws)
Britz www.britz.co.nz (auch Pkws)
Cheapa Campa www.cheapacampa.co.nz (auch Pkws)
Escape Rentals www.escaperentals.co.nz
Happy Campers www.happycampers.co.nz
Jucy Rentals www.jucy.co.nz (auch Pkws)
Kea Campers www.keacampers.com
Mighty Campers www.mightycampers.co.nz (auch Pkws)
Road Runner Rentals www.roadrunnerrentals.co.nz (a.Pkws)
Spaceships Campervan Hire www.spaceshipsrentals.co.nz
Wicked Campers www.wickedcampers.co.nz

Vermietungsfirmen speziell für Pkws:
123 Easy Driver Rentals www.123easydriverentalcars.co.nz
Ace rental Cars www.acerentalcars.co.nz
NZ Backpacker rentals www.nzbackpackerrentals.com
Roadtrip Rentals www.roadtriprentals.co.nz
Scotties Car Rental www.scotties.co.nz

Man bucht online, telefonisch oder persönlich im Büro. Allerdings sollte man in der Hochsaison sicherheitshalber sein Auto vorreservieren, da beliebte Modelle schnell ausgebucht sind. Bei der Reservierung wird eine Anzahlung fällig, den Restbetrag zahlt man bei der Abholung. Gewöhnlich haben die Anbieter gerade in der Hochsaison eine Mindestmietdauer von fünf bis zehn Tagen.

Die meisten Autovermieter haben ihre Büros in Auckland und Christchurch, wo die Mietfahrzeuge abgeholt werden müssen. Pkws werden auch an Standorten wie Queenstown, Dunedin, Wellington oder Nelson vermietet. Einige Unternehmen bieten einen kostenlosen Shuttle-Service vom und zum Flughafen.

Viele Backpacker planen eine Rundreise durch Neuseeland und wollen daher ihr Auto in Auckland abholen und in Christchurch wieder abgeben oder umgekehrt. Diese *one way rentals* sind in der Regel problemlos möglich, jedoch verlangen viele Unternehmen eine *one way hire fee* oder *relocation fee*, um die Kosten für die Rückführung des Autos zu decken. Weiterhin muss bei der Abholung des Autos eine Kaution (*bond*) in Form von Kreditkartendetails oder Bargeld hinterlegt werden. Selbstverständlich wird diese Kaution nach Rückgabe des Autos, wenn keine Beanstandungen oder Strafzettel vorliegen, unverzüglich zurückerstattet.

Mietautos sind gegen Schäden am Fahrzeug und am Eigentum Dritter versichert, jedoch muss der Kunde bis zur Höhe der Selbstbeteiligung – der hin-

> **Mindestalter**
>
> In der Regel darf man in Neuseeland ein Auto erst ab 21 Jahren mieten, doch einige Anbieter vermieten bereits ab 18 Jahren. Die Angaben dazu finden sich in den *terms and conditions* oder den FAQ der Verleihfirmen.

> **Fahren auf unbefestigten Straßen**
>
> Autovermieter erlauben in der Regel das Fahren auf unbefestigten Straßen, den *gravel roads* oder *metal roads*. Auf einigen Straßen, z. B. Ninety Mile Beach (Northland, Nordinsel), Skippers Canyon Road (Queenstown, Südinsel), Ball Hutt Road (Mt. Hutt, Südinsel) oder Straßen nördlich von Colville (Coromandel, Nordinsel), ist das Fahrzeug jedoch nicht versichert!

terlegten Kaution – selbst für den Schaden aufkommen. Die Versicherung umfasst auch Schäden an Windschutzscheiben und Reifen, Abschlepp- und Bergungskosten, Diebstahl, Feuer, Einbruch oder mutwillige Beschädigung. Die Höhe der Selbstbeteiligung kann durch verschiedene Haftreduzierungsoptionen verringert oder sogar auf null gesenkt werden.

> **Mietauto für fast umsonst**
>
> Oft müssen Vermietungsfirmen ihre Fahrzeugflotte an einem Standort wieder aufstocken. Für Backpacker ist das eine Chance, einen supergünstigen Deal zu machen, denn diese Fahrzeuge werden zu stark vergünstigten Preisen oder oft auch kostenlos angeboten. Benzin und die Fährüberfahrt müssen allerdings selbst bezahlt werden. Einziger Wermutstropfen: Oft muss die Überführung des Autos innerhalb eines bestimmten Zeitraumes erfolgen, z. B. hat man fünf Tage Zeit, um von Christchurch nach Auckland zu fahren. Wer interessiert ist – auf den Websites der einzelnen Autovermietungen nach *relocation specials* schauen bzw. im Büro nachfragen oder unter **www.transfercar.co.nz** nach passenden Angeboten suchen.

8.3 Mitfahrgelegenheiten

Man muss nicht allein reisen und kann sich die Kosten teilen – Mitfahrgelegenheiten sind eine gute und günstige Art herumzukommen. Unter Backpackern ist es nicht schwierig, eine nette Begleitung für die Fahrt zu organisieren. Am Schwarzen Brett im Hostel kann man Angebote finden oder selbst anpinnen. Auch online werden Mitfahrgelegenheiten gesucht und gefunden:
www.jayride.co.nz
www.carpoolnz.org
www.backpackerboard.co.nz

Oft entstehen aus solchen kurzen gemeinsamen Fahrten gute Freundschaften. Und wenn es nicht klappt und die Chemie im Auto nicht stimmt, dann weiß man, dass man die ungeliebte Reisebegleitung bald wieder los ist.

8.4 Per Anhalter

Billiger als umsonst geht es natürlich nicht. Trampen oder *hitchhiking*, wie es in Neuseeland genannt wird, ist auch unter Backpackern beliebt. In der Regel wartet man nicht sehr lange am Straßenrand, bis sich ein netter Kiwi oder Tourist erbarmt und einen aufsammelt. Dabei ist natürlich immer Vorsicht geboten, denn leider haben auch schon in Neuseeland Anhalter schlechte Erfahrungen mit vermeintlich freundlichen Autofahrern gemacht. Wer die Eltern und Freunde daheim nicht beunruhigen will, mag daher vielleicht einer anderen Transportmöglichkeit den Vorzug geben, die in Neuseeland ja reichlich vorhanden sind.

8.5 Busreisen/Bus-Pässe

Wer nicht selbst fahren will, lässt fahren. Für Backpacker gibt es die Möglichkeit, entweder eine Tour nach dem *Hop-on/Hop-off*-Prinzip zu buchen oder sich für eine Fahrt in einem der neuseeländischen Linienbusse zu entscheiden.
Busgesellschaften mit *hop-on/hop-off service*:
Kiwi Experience www.kiwiexperience.com
Magic Travelers Network www.magicbus.co.nz
Stray www.straytravel.com

Zunächst hat man die Qual der Wahl, wenn man sich für eine Strecke (pass) entscheiden muss. Die Auswahl reicht von

Hop-on/Hop-off: Mit einem Buspass steht einem fast ganz Neuseeland offen

Touren über die gesamte Nord- oder Südinsel, über beide Inseln oder nur durch bestimmte Regionen auf der einen oder anderen Insel. Die Reisen funktionieren nach dem *Hop-on/Hop-off*-Prinzip: Passagiere können entweder über die komplette Route mitfahren oder flexibel selbst entscheiden, wo sie unterwegs länger bleiben wollen. Wenn es weiter gehen soll, steigt man einfach in den nächsten Bus. Wichtig ist jedoch, dass man seinen Sitzplatz vorreserviert. Die Bus-Pässe sind zwölf Monate ab dem ersten Reisetag gültig; während dieser Zeit kann man auf der Route jederzeit aus- und wieder zusteigen und so viel Zeit an einem Ort verbringen, wie man möchte.

Auf der Reise lernt man schnell neue Leute kennen, denn man ist gemeinsam auf Tour. Der Busfahrer ist gleichzeitig Reiseleiter und Animateur. Während der Fahrt erklärt er Wissenswertes über Neuseeland und insbesondere die Orte, an denen man gerade vorbeikommt oder anhält. Viele Busse bieten inzwischen auch WiFi an Bord. Unterwegs werden diverse Stopps eingelegt, bei denen man entweder an Akti-

vitäten teilnehmen kann (einige sind kostenlos, andere müssen zusätzlich gebucht werden), im Supermarkt die Vorräte auffüllt oder einfach nur entspannt. Am Abend stoppen die Busse an Hostels, wo die Gruppe übernachtet (Übernachtungen sind nicht im Pass-Preis inbegriffen). Am nächsten Morgen geht es dann weiter – wenn man möchte.
Busgesellschaften mit Streckenangeboten:
Atomic Travel www.atomictravel.co.nz (Südinsel)
Intercity www.intercity.co.nz
Naked Bus www.nakedbus.co.nz
Newmans Coach Lines www.newmanscoach.co.nz (Südinsel)
Northliner Express Coach www.northliner.co.nz (Northland)
Southern Link southernlinkcoaches.co.nz (südl. von Christch.)

Einen ähnlichen Service bieten Unternehmen wie *Intercity* und *Naked Bus* sowie kleinere, nur in bestimmten Regionen fahrende Busunternehmen an. Diese Langstreckenbusse bedienen die Nord- und Südinsel mit unzähligen Stopps. Neben

Party oder Ruhe?

Gerade *Kiwi Experience* eilt der Ruf voraus, ein Party-Bus zu sein – stimmt das? Es ist wahr, dass die organisierten Busreisen oft ein junges, abenteuerlustiges und partyfreudiges Publikum anziehen. Und es stimmt auch, dass die Busfahrer Animateure mit Leib und Seele sind. Bei *Kiwi Experience* spielt definitiv der Spaßfaktor eine wichtige Rolle. Dennoch sind sturzbetrunkene und grölende Passagiere à la Ballermann an Bord eher die Ausnahme. Trotzdem, wer es entspannt und gediegen mag, sollte eher mit *MagicBus* und *Stray* reisen, denn diese Touren scheinen bevorzugt von ruhigeren Reisenden gebucht zu werden, die Neuseelands Natur entdecken wollen. Wer auf Nummer sicher gehen möchte, ist mit *Intercity* gut beraten – diesen Busservice nutzen auch die *locals*. Es gibt aber für nichts eine Garantie – Ausnahmen bestätigen wie immer die Regel!

dem Bus-Pass besteht hier auch die Möglichkeit, Einzeltickets für bestimmte Strecken zu kaufen, z. B. von Auckland nach Taupo oder von Nelson nach Queenstown. Der Preis gilt hier nur für die Busfahrt, Information und Animation gibt es unterwegs nicht. Aktivitäten und Unterkunft werden nicht automatisch mit organisiert, können aber zusätzlich gebucht werden. Backpacker nutzen diese Busse ebenso wie Kiwis.

8.6 Bahn

Die Zugverbindungen in Neuseeland sind nicht sehr gut ausgebaut. Im Prinzip gibt es für den Personenverkehr nur drei Zugstrecken, die dafür jedoch wegen ihrer landschaftlich einzigartigen Streckenführung zu den schönsten der Welt gehören. Wer den Zug als Transportmittel wählt, tut das nicht, um schnell voranzukommen, sondern um die Natur aus einer anderen Perspektive zu erleben. Also zurücklehnen im bequemen Sitz, die Aussicht aus den Panoramafenstern genießen und den Geschichten und Informationen des Zugpersonals lauschen, die während der Fahrt kommentieren, was es alles zu sehen gibt.

Northern Explorer (ehemals The Overlander):
Auckland – Wellington
Die Strecke führt durch die Vulkanebene der Nordinsel vorbei am Tongariro-Nationalpark durch heimische Wälder und über tiefe Schluchten. Ein Highlight ist die berühmte „Raurimu Spiral", eine einzigartige eingleisige Kehrschleifenkonstruktion, bei der der Zug eine Höhendifferenz von 132 Metern überwindet und durch zwei Tunnel (384 und 96 Meter lang) und drei Haarnadelkurven fährt. Die Strecke ist 680 Kilometer lang und die Fahrt dauert etwa zwölf Stunden. Der *Northern Explorer* fährt dreimal pro Woche in beide Richtungen.

Blick aus dem TranzAlpine, der zweifellos eine der schönsten Bahnstrecken der Welt befährt

Coastal Pacific (ehemals TranzCoastal)
Picton – Christchurch

Seit 1945 ist die Strecke zwischen Christchurch und Picton befahrbar. Nach dem Erdbeben in Christchurch im Februar 2011 wurde sie für den Personenverkehr geschlossen, da man sich auf den Transport von Fracht konzentrieren wollte. Seit August 2011 bringt der Zug auch wieder Reisende aus aller Welt an die Ostküste. Zu diesem Anlass wurde die Verbindung in Coastal Pacific umbenannt. Die Strecke ist 98 Kilometer lang, führt über 175 Brücken und durch 22 Tunnel entlang der Pazifikküste und schlängelt sich vorbei an Bergketten auf der einen Seite und dem Ozean auf der anderen. Die Fahrt dauert etwa 5½ Stunden. Der Zug verkehrt täglich von Oktober bis April (geschlossen während der Wintermonate).

TranzAlpine
Christchurch – Greymouth

Ohne Zweifel befährt der TranzAlpine eine der schönsten Bahnstrecken der Welt. Die Route führt durch die neuseeländischen Südalpen und vorbei an imposanten Natur- und Berglandschaften sowie durch spektakuläre Schluchten und Flusstäler. Der Zug fährt seit 1987 auf dieser Strecke, ist inzwischen jedoch hauptsächlich für Touristen interessant. Unterwegs werden fünf Viadukte überquert und 16 Tunnel durchfahren, von denen der längste 8.550 Meter lang ist. Die Fahrt über die 223 Kilometer lange Strecke dauert 4½ Stunden. Der Zug fährt täglich morgens in Christchurch los und nach einem kurzen Aufenthalt in Greymouth wieder zurück.

Informationen und Buchung für alle Strecken unter www.kiwirailscenic.co.nz

8.7 Fähren

Mehrmals täglich pendeln Fähren zwischen Wellington und Picton und stellen sicher, dass man von einer Insel zur anderen kommt. Die etwa drei Stunden dauernde Überfahrt führt durch die 40 Kilometer breite Cook Strait. Die gesamte Strecke ist 92 Kilometer lang. .Unterwegs warten außergewöhnliche Eindrücke, vor allem, während man durch die Marlborough Sounds fährt. Wer Glück hat, sieht unterwegs Delfine und Robben, manchmal auch Wale.

Zwei Unternehmen teilen sich die Kunden – *Interislander* (schnellere Verbindung, höhere Preise, mehr Fahrten) und *Bluebridge* (günstigere Preise, etwas langsamer, weniger Fahrten). Welche Fährlinie man wählt, ist Geschmackssache – noch vor einigen Jahren waren die Unterschiede im Preis und Service deutlich, doch heutzutage nehmen sich die Verbindungen beider Fährgesellschaften kaum noch etwas.

Wer sparen will, sollte die Fährüberfahrt einige Wochen im Voraus buchen, da die Tickets für die günstigsten Tarife bzw. für bestimmte Abfahrtszeiten schnell ausverkauft sind. Vor allem in der Hochsaison ist eine rechtzeitige Reservierung

Die Bluebridge Fähre in der Cook-Straße

unbedingt empfehlenswert. Online-Buchungen sind unkompliziert über die jeweilige Website per Kreditkarte möglich. (Details zu den Preisen auf den Websites.)

www.bluebridge.co.nz
www.interislander.co.nz

Wer ein Auto gemietet hat, kann es für einen Aufpreis mit auf die Fähre nehmen. Der Preis richtet sich nach der Größe des Fahrzeugs.

Wenn man mit dem Auto übersetzt, sollte man spätestens eine Stunde vor der Abfahrt einchecken; Fußgänger checken 45 Minuten vor der Abfahrt ein. Sobald man das Auto geparkt hat, muss man das Parkdeck verlassen; im Auto zu bleiben ist nicht erlaubt.

Die Fährüberfahrt kann man mit Fernsehen, Essen, Spaziergängen an Deck oder einem kleinen Nickerchen verbringen – wonach einem gerade der Sinn steht.

Eine weitere Fährlinie verbindet die Südinsel und Stewart Island. Die Fähre legt mehrmals am Tag ab und kostet 71 NZD (Stand Mai 2013). Die Überfahrt dauert circa eine Stunde.

www.stewartislandexperience.co.nz

Auch die Inseln Waiheke Island, Rangitoto Island, Great Barrier Island und Motutapu Island sind mit der Fähre erreichbar. Die Boote setzen mehrmals pro Woche, nach Waiheke Island mehrmals täglich über.

www.fullers.co.nz
www.sealink.co.nz (nur Waiheke Island und Great Barrier Island)

8.8 Inlandsflüge

Wer schnell von A nach B kommen will oder muss, sollte fliegen. Wenn man seinen Flug weit genug im Voraus bucht, kann man von teils sehr günstigen Preisen profitieren. *Domestic airports* gibt es in jeder größeren und kleineren Stadt. Über Auckland, Wellington und Christchurch gelangt man überall hin. In der Regel werden die Flugverbindungen von Air New Zealand bedient, doch die Konkurrenz schläft nicht und in verschiedenen Regionen gibt es auch kleinere Unternehmen, die Flüge auf speziellen Routen anbieten. Die Preisspannen für Flüge liegen zwischen etwa 20 und 400 NZD.
www.airnewzealand.co.nz

> **Grab a seat**
>
> Jeden Tag bietet Air New Zealand unter **www.grabaseat.co.nz** Flüge zu besonders günstigen Preisen an. Wer schnell ist, kann Flüge ergattern – doch die Tickets sind extrem limitiert und die Flüge daher schnell ausverkauft.

- *Jet Star* (www.jetstar.com/nz/en/home) zwischen Auckland, Christchurch, Wellington, Queenstown und Dunedin
- *Great Barrier Airlines* (www.greatbarrierairlines.co.nz) zwischen Auckland, Tauranga, Whangarei, Thames, Whitianga u. a.
- *Sunair* (www.sunair.co.nz) zwischen Auckland, Gisborne, Hamilton, Napier, Rotorua, Tauranga, Whitianga und Great Barrier Island
- *Sounds Air* (www.soundsair.co.nz) von Wellington nach Nelson, Picton und Blenheim

Darüber hinaus gibt es in Neuseeland ein großes Angebot an Rundflügen in landschaftlich besonders schönen Ge-

Reisen auf zwei Rädern: Mit dem Mountainbike Neuseelands Natur erkunden

genden wie z. B. den Milford Sounds, Mount Cook, Fox und Franz Josef Glacier oder dem Tongariro-Nationalpark, der Bay of Islands und Taupo. Informationen der Anbieter gibt es im Internet, in den *i-SITEs* oder in Hostels.

8.9 Fahrrad

Neuseeland ist mittlerweile auch für Radfahrer ein beliebtes Reiseziel geworden. Mountainbike, Rennrad, Tandem, Liegerad – alles hat man auf Neuseelands Straßen schon gesehen. Um mit dem Zweirad viel von den Inseln zu sehen, muss man allerdings ausreichend Zeit mitbringen.

Prinzipiell stehen dem Fahrrad alle Straßen offen, auch die *highways*, jedoch ist Vorsicht geboten, denn Kiwis und auch Touristen sind nicht immer die rücksichtsvollsten Verkehrsteilnehmer. Die Helmpflicht sollte man daher unbedingt beachten – nicht nur, weil es ansonsten eine empfindliche Geldstrafe gibt, wenn man von der Polizei erwischt wird.

Wer Lust hat, nur mal für ein paar Stunden oder eine Mehrtagestour aufs Rad zu steigen, kann sich in den meisten Städten ein Fahrrad ausleihen. Außerdem gibt es diverse Anbieter für organisierte Radtouren.

Central Rail Trail
Für Radfans ein Muss: Der *Otago Central Rail Trail* ist ein 150 km langer Track auf der Südinsel, nordwestlich von Dunedin. Der Radwanderweg folgt einem Teilstück der alten Terrasse des *Otago Central Railway*, der von Middlemarch nach Clyde führte. Je nach Fitnesslevel kann man die Mehrtagestour leicht oder härter angehen. Entlang der Strecke gibt es zahlreiche Übernachtungs- und Verpflegungsmöglichkeiten.
www.otagocentralrailtrail.co.nz

New Zealand Cycle Trail
Derzeit noch im Bau ist der *New Zealand Cycle Trail* (*Nga Haerenga*), ein Netzwerk von Radwegen unterschiedlicher Schwierigkeitsstufen, die Radler durch Neuseelands schönste Regionen führen. Viele Tracks sind bereits fertiggestellt und eröffnet, an anderen wird derzeit noch fleißig gebaut. Die Strecken werden als die 18 *Great Rides* (in Anlehnung an die neun *Great Walks*, siehe folgenden Abschnitt) vermarktet. Ende 2013 soll der komplette *New Zealand Cycle Trail* befahrbar sein. www.nzcycletrail.com

8.10 Wandern

Neuseelands Natur bietet Wanderfreunden auf der Nord- und Südinsel unendliche Optionen, egal ob für kurze Spaziergänge, Mehrtagestrips oder anspruchsvolle Bergtouren. Wandern wird in Neuseeland *tramping* genannt.

Informationen zu Wanderungen und Routenvorschläge gibt es in den *i-SITEs* und DOC-Büros. Die Mitarbeiter geben auch Auskunft zum Zustand der Wege und den Wetteraussichten. Viele Wanderwege sind entlang der *highways* und Straßen ausgeschildert – man sollte also auf entsprechende Wegweiser achten.

Längere Wanderwege für mehrtägige Touren werden in Neuseeland als *tracks* bezeichnet. Sie führen in der Regel durch Nationalparks oder besondere Naturlandschaften. Wer vorhat, unterwegs in einer der vom DOC unterhaltenen Hütten zu übernachten, muss für die Übernachtungen vorab in einem DOC-Büro hut tickets erwerben.

Neun Wanderrouten wurden vom DOC als landschaftlich besonders herausragend eingestuft und mit der Bezeichnung *Great Walk* belegt. Für die meisten dieser Tracks benötigt man drei bis fünf Tage, oft können aber alternativ auch nur Teilstücke gewandert werden. Voraussetzung ist in der Regel ein durchschnittliches Fitnessniveau, einzelne Abschnitte sind jedoch auch anspruchsvoller. Vor allem in der Hochsaison müssen einige der Great Walks im Voraus gebucht werden, da der Zugang reglementiert ist und Übernachtungen reserviert werden müssen. Die Wanderung auf den Walks

Sicherheit geht vor!

Immer wieder kommt es vor, dass Menschen, vor allem Touristen, auf den Wanderungen verunglücken und Suchtrupps tagelang damit beschäftigt sind, sie zu finden. Zur eigenen Sicherheit und auch, um die Suche zu beschleunigen, sollte man – vor allem, wenn man allein unterwegs ist – einen personal locator beacon ausleihen (je nach Anbieter ab 5 NZD pro Tag, Stand Mai 2013). Dabei handelt es sich um einen Notpeilsender, den man im Notfall aktivieren und so über das gesendete Signal gefunden werden kann.

www.beacons.org.nz
www.rescuebeaconhire.co.nz

ist kostenlos, nur die Übernachtungen in den Hütten bzw. auf den Campingplätzen müssen bezahlt werden. Hierfür muss in einem DOC-Büro ein spezieller Great Walk Hut Pass erworben werden. Zu den Great Walks gehören:

Tongariro Northern Circuit, Lake Waikaremoana Great Walk, Abel Tasman Coast Track, Heaphy Track, Kepler Track, Milford Track, Routeburn Track, Rakiura Track und die mit dem Boot auszuführende Whanganui Journey.

Umfangreiche Informationen inklusive Pdf-Broschüre zu jedem Walk, Videos und Online-Buchung unter www.greatwalks.co.nz.

Te Araroa – The Long Pathway ist Neuseelands Langstreckenwanderweg, der sich über 3.000 km vom Cape Reinga im Norden der Nordinsel bis Bluff ganz im Süden der Südinsel erstreckt. Der Weg führt entlang der Küste und über Kammlinien bewaldeter Höhenzüge, über Felder und Farmland, durch Regenwald und vorbei an Vulkanen und über Bergpässe. Bei durchschnittlich 25 km am Tag bräuchte man 120 Tage, um Te Araroa ganz zu wandern. Wer dafür nicht die Zeit hat, kann einzelne Etappen des Weges in Angriff nehmen. www.teararoa.org.nz

Dank der Wanderleidenschaft internationaler Besucher haben sich mehr und mehr Tourenanbieter auf geführte Wanderungen spezialisiert und diverse begleitete Ausflüge inklusive Verpflegung im Programm. Informationen zu den Anbietern gibt es in den *i-SITEs*.

Neuseeland ist berühmt für seine einzigartigen Wanderrouten durch wunderschöne Natur

9 | Tipps für den Backpackeralltag

9.1 Online Tagebuch – Blogging

Natürlich wollen die Lieben daheim immer auf dem Laufenden sein, was in Neuseeland passiert. Und für einen selbst ist es auch eine schöne Erinnerung, wenn man aufschreibt, was man unterwegs alles erlebt. In Zeiten moderner Technik haben viele Backpacker ihr Reisetagebuch ins Internet verlegt und lassen dort Familie und Freunde und jeden, der über den Link stolpert, mitlesen.

Ein Blog aufzusetzen, ist unkompliziert – man muss kein Webdesign-Guru sein, um das hinzukriegen. Verschiedene Blogdienste bieten die Einrichtung eines kostenlosen Blogs an:
www.blogger.com
www.globalzoo.de
www.jimdo.de/reiseblog
www.myblog.de
www.tumblr.com
www.wordpress.com

Alles was man tun muss, ist sich beim gewünschten Blog-Dienst zu registrieren. Jetzt nur noch ein paar Daten eingeben, eine Blog-Adresse ausdenken (möglichst einzigartig), das Design (*theme*) auswählen und schon kann es losgehen! Schreiben und Fotos hochladen gehören nun zu den regelmäßigen Aufgaben. Eltern und Freunde werden sicher die größten Fans des Blogs und froh sein, auf diese Weise wenigstens virtuell nur einen Klick weit von Neuseeland entfernt zu sein.

9.2 Urlaubsfotos sichern

So viele neue Eindrücke! Klar, dass die Fotokamera ständig im Einsatz ist. Schließlich will man nach der Rückkehr von seinen Erlebnissen erzählen und die Fotos zeigen. Bei einer längeren Reise kommen schnell tausende Bilder zusammen. Damit die schönen Aufnahmen nicht verloren gehen, sollte man rechtzeitig und regelmäßig Sicherungskopien machen. Am besten ist es, die Fotos an zwei verschiedenen Orten zu sichern. Dafür gibt es verschiedene Möglichkeiten:

Eigenes Laptop
Die Festplatte des Computers bietet ausreichend Platz für jede Menge Fotos. Wer mit eigenem Laptop reist, hat also einen sicheren Aufbewahrungsort. Kritisch wird es nur, wenn das Laptop irgendwann ohne Vorwarnung den Dienst verweigert oder, schlimmer noch, geklaut wird. Vorteil: problemloses Sichern der Fotos möglich. Nachteil: möglicher Ausfall; Gefahr des Diebstahls; Mitnahme lohnt nur, wenn es auch anderweitig gebraucht wird.

Externe Speichergeräte
Ausreichend große USB-Sticks (die Fotos lieber auf mehrere USB-Sticks verteilen, da ein Exemplar schnell mal verloren geht und dann gleich alle Bilder weg sind) oder externe Festplatten sind ein guter Ort zum Sichern der Fotos. Zusätzlich können die Dateien auch noch auf DVDs gebrannt werden. Viele Reisende schicken ein Exemplar der DVDs oder einen USB-Stick nach Hause, wo die Urlaubseindrücke in Ruhe warten können. Eine Kopie bleibt im Rucksack (falls die Post nicht ankommt oder die Dateien nicht lesbar sind). Vorteil: Das Kopieren der Dateien geht relativ schnell. Nachteil: zusätzliches Gepäck, das man mit sich herumträgt.

Online-Speicher
Diverse Anbieter stellen Online-Speicherplatz zur Verfügung, auf den die Fotos (und auch andere Dateiarten wie Pdf-, Textdokumente oder Videos) hochgeladen werden können und

gesichert sind. Es gibt die kostenlose Mitgliedschaft, die natürlich ihre Limitierungen hat und Upgrade-Optionen, für die ein monatlicher Betrag fällig wird. Genauso vielfältig wie die Anbieter sind auch ihre Konditionen – ein vorheriger gründlicher Vergleich ist eine gute Idee! Es variiert der Speicherplatz, bei manchen wird die Originaldatei verkleinert, was zu Qualitätsverlusten führen kann, oder es gibt eine Begrenzung der individuellen Dateigröße. Vorteil: kein zusätzliches Gepäck, bequemer Prozess. Nachteil: Hochladen der Fotos kann bei einer langsamen Internetverbindung extrem lange dauern, das kostet Zeit und Geld.

Beispiele für File- und Foto-Hoster:

www.drive.google.com
www.dropbox.com
www.flickr.com
www.mediafire.com
http://picasaweb.google.com

9.3 Bares sparen und Schnäppchen machen

Erfahrungsgemäß hat man als Backpacker kein riesiges Budget zur Verfügung. Doch auch mit wenig Geld kann man weit kommen. Hier ein paar Tipps und Tricks zum Sparen:

1. Vor Ort über Dinge informieren, die man umsonst machen kann.
2. Essen: Restaurantbesuche vermeiden, stattdessen im Supermarkt einkaufen und selber kochen. Manche Hostels bieten Übernachtung inklusive Frühstück, so hat man eine Mahlzeit gespart.
3. Mehrbettzimmer sind günstiger als Einzelzimmer. Man sollte sich ehrlich fragen, wie viel Luxus man wirklich braucht. Und wenn man den ganzen Tag unterwegs ist,

braucht man abends nicht mehr als ein Bett und eine Dusche. *Share rooms* sind übrigens meistens nur unwesentlich teurer als *dorms*, aber es schlafen weniger Gäste darin. Bei einem längeren Hostelaufenthalt nach einem Rabatt fragen!

4. Arbeit gegen Unterkunft ist in vielen Hostels möglich. Für ein paar Stunden Saubermachen oder Rezeptionshilfe bekommt man ein kostenloses Bett.
5. Es muss nicht immer das eigene Auto oder ein Leihwagen sein – viele Backpacker bieten Mitfahrgelegenheiten an. Benzinkosten werden geteilt. Wer hingegen mit dem eigenen Auto unterwegs ist, kann selbst Mitfahrgelegenheiten anbieten. Oder kurze Strecken einfach mal zu Fuß laufen – das ist günstiger als Taxi fahren.

Lieber sparen und sich mal was außergewöhnliches leisten: Bungee Jumping in Rotorua

6. *Early bird discounts* nutzen. Inlandsflüge, Fähren, Bus-Pässe, Mietauto – wer rechtzeitig bucht, kriegt gute Rabatte. Das lohnt sich allerdings nur, wenn man weiß, dass man den Service zu dem Zeitpunkt auch garantiert nutzen wird.
7. Sonderangebote und *special days* nutzen. Egal, ob in Supermärkten, beim Pizzaservice oder im Kino – jedes Unternehmen hat an speziellen Tagen *special deals*. Im Kino ist oft Dienstag der Kinotag, der Pizzadienst bietet an einem bestimmten Tag Pizzas zum Spezialpreis und in Supermärkten gibt es wöchentliche Sonderangebote.
8. Mitglied werden! Bei Übernachtungen kann man Geld sparen, wenn man Mitglied bei YHA, BBH oder anderen Hostelnetzwerken ist.

9. Der Internationale Studentenausweis ISIC garantiert Rabatte bei Aktivitäten, Übernachtungen, Fährtickets, Eintrittsgeldern u. s. w.
10. Rabattkarten & Co. Supermärkte haben *discount cards*, die man kostenlos bekommt. In Cafés kann man auf Treuekarten Stempel sammeln, wenn man Kaffee kauft – der zehnte ist dann meistens frei.
11. Tankgutscheine aufheben. Gibt man beim Einkauf mehr als 40 NZD aus, erhält man einen Gutschein (*fuel voucher*), mit dem man vier Cent pro Liter Benzin sparen kann. Achtung, diese Gutscheine haben eine begrenzte Gültigkeit und sind nur an bestimmten Tankstellen einlösbar.
12. Internet for free. Die meisten Bibliotheken verfügen über ein WiFi-Netzwerk. Mit eigenem Laptop, Tablet-PC oder Smartphone kann man hier kostenlos surfen.
13. Fähr-Rabatte: Wer sich unter www.interislander.co.nz für den Newsletter anmeldet, erhält nicht nur aktuelle Informationen, sondern ab und zu auch *exklusive promo codes* für Rabatte auf Fährüberfahrten.
14. Anbieter von Touren oder Aktivitäten haben oft Sonderaktionen. Ein Blick auf die jeweiligen Websites lohnt sich.
15. Ein Mietauto rückführen statt mieten. Siehe Seite 163.
16. Second-Hand-Shops sind eine gute Option für billige Klamotten, die perfekt zum Arbeiten und Reisen sind.
17. Preise vergleichen. Nicht gleich den ersten Anbieter wählen, sondern sich erst mal umschauen und die Konditionen angucken. Das gilt für Touren, Mietautos, Aktivitäten und alles Übrige.

9.4 Zehn Goldene Regeln für eine unvergessliche Zeit

1. Nicht zu viel im Voraus planen!
Planung gibt Sicherheit, aber sie bedeutet auch Stress. Man

schränkt sich selbst ein, wenn man zu viel im Voraus festlegt, die Spontaneität geht verloren – und genau darauf kommt es doch beim Reisen an! Die beste Tour ergibt sich ohnehin erst vor Ort. Die Ausnahme von der Regel: In der Hochsaison sollte unbedingt vorausgebucht werden.

2. Travel light!
   So wenig wie möglich, so viel wie nötig! Wer mit leichtem Gepäck reist, reist entspannter und unbesorgter. Und Waschmaschinen gibt es wirklich überall in Neuseeland.

3. Ortskenntnis
   Wer weiß, was vor Ort los ist und was ihn an Sehenswertem erwartet, kann die Zeit besser nutzen. Die *i-SITEs* bieten eine Fülle an nützlichen Informationen sowie einen kostenlosen Stadtplan und auch die Mitarbeiter an der Hostelrezeption wissen einiges. So sieht man, was sich wirklich lohnt.

Aufgeschlossen sein und sich auf Neues einlassen: Hongi, die traditionelle Art der Maoris, sich zu begrüßen

4. Backpacker kennenlernen
   Nichts einfacher als das, wenn man im Hostel wohnt! Zwischen Kochtöpfen, Doppelstockbetten und Feierabendbier ist es sehr schwer, nicht mit jemandem ins Gespräch zu kommen. Außerdem organisieren viele Hostels diverse pub nights, walking tours oder pot *luck dinners*, bei denen die Gäste in Kontakt kommen – mitgehen und mitmachen!

5. Fragen, fragen, fragen
   Niemand kann so wertvolle Informationen geben wie die Leute, die Bescheid wissen. Das gilt für die *locals*, die ihre

Region bestens kennen, genauso wie für Backpacker, die schon ihre Erfahrungen gemacht haben. Mit den Leuten reden, ist das Wichtigste. Nur dann bekommt man die Insidertipps.

6. Aufgeschlossen sein und sich auf Neues einlassen
Wer in einem fremden Land unterwegs ist, will etwas Anderes sehen und erleben, oder nicht? Am meisten Spaß hat man, wenn man offen gegenüber Menschen, Kulturen und Situationen ist und lernt, Unterschiede zu tolerieren und zu akzeptieren. Dies ist auch ein perfekter Zeitpunkt, etwas auszuprobieren, was man noch nie gemacht hat.

7. Reise als Lernprozess
Augen und Ohren offen halten und alle Erlebnisse und Eindrücke aufsaugen! Von den meisten Leuten, die man trifft, kann man Vieles lernen – wenn schon nicht für das Leben, dann zumindest für die Reise. Man selbst wird während des Work-and-Travel-Aufenthalts selbstständiger und selbstbewusster. Die Englischkenntnisse verbessern sich.

8. Smalltalk für Backpacker
Mit „Woher kommst du?", „Wie lange bist du schon unterwegs?" und „Wie sind deine Pläne?" beginnt fast jedes Gespräch unter Backpackern und auch mit den *locals*. Das kann nach einigen Durchläufen ziemlich ermüdend bis nervend werden. Auf der anderen Seite: Wie sonst kann man einfacher ein Gespräch beginnen? Und, Hand aufs Herz, wer nutzt diese Fragen nicht selbst oft, um das Eis zu brechen?

9. Show me your smile!
Wer anderen Leuten mit einem Lächeln begegnet, hat schon halb gewonnen, und auch man selbst fühlt sich besser. Lachen versteht man überall auf der Welt!

10. Einfach genießen!
Work & Travel ist ein riesiges Abenteuer. Während die-

Abenteuer mit Nervenkitzel: Eine von vielen Hängebrücken

ser Zeit gibt es gute und schlechte Tage, das ist normal. Auch Heimweh trifft fast jeden irgendwann. Wichtig ist, dass man jede Situation als Herausforderung begreift und jeden neuen Tag genießt. Dann wird der Neuseeland-Aufenthalt garantiert zu einem unvergesslichen Erlebnis.

9.5 Abstecher in andere Länder

Von Neuseeland aus gesehen sind Tonga, Fidschi, Samoa, Rarotonga (Cookinseln) und Neukaledonien gleich um die Ecke. Warum also nicht einen Abstecher dorthin machen, wenn man schon mal in der Nähe ist? Saisonbedingt sind Flüge und Unterkünfte sehr günstig zu bekommen.

Air New Zealand fliegt alle diese Ziele an. Fiji Airways – die bis Mai 2013 den Namen Air Pacific trug – bedient die Routen nach Fidschi, Samoa und Tonga. Virgin Australia hat

Warum nicht einen Abstecher nach Tonga machen: Nuku Island

Samoa, Rarotonga und Tonga im Programm. Nach Neukaledonien fliegt auch Aircalin. Flüge können im Reisebüro oder übers Internet gebucht werden.

www.airnewzealand.co.nz
www.airpacific.com / www.fijiairways.com
www.virginaustralia.com/nz/en
http://nz.aircalin.com/billet-noumea.php

Deutsche Staatsangehörige benötigen für einen touristischen Aufenthalt von bis zu 30 Tagen kein Visum in diesen Ländern. Es gibt jedoch unterschiedliche Regelungen, wie lange der Reisepass noch gültig sein muss – bitte vorher bei den jeweiligen Botschaften oder im Reisebüro nachfragen.

Der große Nachbar Australien ist ebenfalls nur eine kurze Reise entfernt. Zielflughäfen sind Sydney, Melbourne, Perth, Brisbane und viele andere. Air New Zealand, Emirates, Jetstar, Qantas, Virgin Australia und einige andere Fluggesellschaften fliegen nach Australien. Touristen können bis zu drei Monate im Land bleiben.

www.emirates.co.nz
www.jetstar.com
www.qantas.com

10 | Zurück nach Hause

10.1 Vor der Abreise erledigen

Wow, das war's schon?! Ehe man sich's versieht, ist die Zeit schon vorbei. Zwar möchten viele Work-and-Travel-Reisende das Thema Abreise so lange wie möglich aus dem Bewusstsein verdrängen, doch es gibt ein paar Dinge, die erledigt werden müssen, bevor man Neuseeland verlässt.

Steuererklärung
Wer während des Aufenthaltes in Neuseeland gearbeitet hat, kann vor der Ausreise eine Steuererklärung (*Individual tax return IR3NR*) abgeben und auf diese Weise eventuell ein wenig Geld zurückbekommen. Die dafür nötigen Formulare bekommt man auf der Website oder in den Zweigstellen des *Inland Revenue*. Zwei bis drei Monate vor der Ausreise sollte man die Steuererklärung einreichen.

Wenn zu viele Steuern gezahlt wurden, bekommt man den Betrag zurückerstattet. Das Geld wird auf das neuseeländische Konto überwiesen – also gegebenenfalls mit der Auflösung warten, bis der Vorgang erledigt ist.

> **Online erledigen**
> Auf der Website des *Inland Revenue* besteht auch die Möglichkeit, die Steuererklärung online auszufüllen:
> **www.ird.govt.nz**

Bankkonto auflösen
Dies ist eine reine Formsache. Es passiert nichts, wenn man das Konto nicht auflöst, doch es nützt einem ja auch nichts mehr. Es sei denn, man plant in naher Zukunft nach Neuseeland zurückzukommen.

Zur Kontoauflösung geht man zur Bank und bittet um einen Termin. Alles Weitere wird dann innerhalb kurzer Zeit erledigt. Befindet sich noch Geld auf dem Konto, sollte man es abheben. Das Bankkonto kann man in den letzten Tagen, sozusagen als letzte offizielle Amtshandlung, auflösen.

> **Ich will bleiben!**
> Wer seinen Neuseeland-Aufenthalt verlängern möchte, hat verschiedene Optionen:
> - Beantragung des *Working Holidaymaker Extension Visa*, wenn die Bedingungen erfüllt sind (siehe Seite 47)
> - das Land für ein paar Wochen verlassen und dann erneut einreisen, diesmal mit dem Touristenvisum

Sachen ausmisten und packen

Viele Backpacker werden überrascht sein, wie viele Sachen sich im Laufe der Zeit ansammeln – Klamotten, Souvenirs, Broschüren, Muscheln, Andenken etc. Ein paar Tage vor der Abreise sollte man sich die Zeit nehmen und alle Sachen durchgucken. Was kommt mit zurück nach Hause? Anziehsachen, die man nicht mehr braucht, kann man in die Altkleidersammlung geben, Container dafür stehen oft in der Nähe von Supermärkten. Dann geht es ans Packen, in der Hoffnung, dass alles verstaut werden kann.

Paket nach Hause schicken

Falls es Dinge gibt, die partout nicht mehr in den Rucksack passen, kann man diese in einem Paket nach Hause schicken (Siehe Seite 90).

Strafzettel bezahlen

Zu schnell gefahren? Falsch geparkt? Ausstehende Strafzettel sollten vor der Abreise bezahlt werden. Andernfalls gibt es beim nächsten Besuch unter Umständen Probleme bei der Einreise.

Auto verkaufen
Wenn das Auto bis jetzt noch nicht verkauft ist, wird es Zeit. Welche Möglichkeiten es gibt: siehe Seite 158.

Abschied nehmen
Wenn alles erledigt ist, bleibt noch Zeit für die Dinge, die man gern noch einmal machen würde. Ein letzter Strandspaziergang oder ein letztes Mal Fish & Chips essen? Oder schnell noch ein paar Mitbringsel einkaufen!

10.2 Souvenirs und Mitbringsel

Egal, ob für sich selbst oder für Familie und Freunde daheim – über Mitbringsel freut sich jeder. Mit viel Glück ist auch noch etwas Platz im Rucksack oder im Koffer...

Souvenirläden findet man in jeder größeren Stadt oder am Flughafen und auch *i-SITEs* verkaufen oft landestypische Andenken. Hier kann man Schmuck, T-Shirts, Kosmetik, Süßigkeiten, Plüschtiere oder Keramik mit Neuseeland-Motiven kaufen. Es gibt sehr schöne Dinge, und viel Kitsch. Wer etwas Besonderes mitnehmen möchte, das es nur in Neuseeland gibt, sollte nach den folgenden Mitbringseln Ausschau halten.

Schmuck
Jade (auch *Greenstone* genannt) kommt hauptsächlich von der Westküste der Südinsel Neuseelands. Aus diesem Stein werden Kettenanhänger geschnitzt. Die verschiedenen Grün-Töne und Maserungen machen jedes Schmuckstück einzigartig. Typisch für Neuseeland sind die Kettenanhänger, die von Maori-Traditionen inspiriert sind. Die berühmtesten Sym-

Aus Jade (*greenstone*) gefertigte Schmuckstücke

bole sind der Fischhaken (Hei Matau), die der aufgerollten Spitze eines Farnwedels nachempfundene Spirale (koru) und die Verdrehung (*twist*).

Handarbeit hat natürlich ihren Preis, Greenstone ist nicht billig. Wer extrem günstige Preise sieht, sollte prüfen, ob die Jade tatsächlich aus Neuseeland stammt, denn *made in China* gibt es auch in neuseeländischen Läden. Billiger als Jade sind Anhänger, die aus Rinderknochen, Holz oder Muscheln geschnitzt wurden.

Kleidung

Die vielen Schafe lassen es fast vermuten – in Neuseeland gibt es viel Wolle. Ein besonders hochwertiges Produkt ist die Merino-Wolle. Pullover, T-Shirts und Mützen aus dieser Naturfaser halten warm und lassen sich angenehm tragen. Qualitativ gute Merino-Bekleidung ist nicht billig, aber ein schönes Mitbringsel.

Pflanzensamen

Hobbygärtner freuen sich bestimmt über Samen von typisch neuseeländischen Pflanzen. Saatgut vom rot blühenden Pohutukawa-Baum, der Nikau-Palme, dem duftenden Manuka-Strauch oder bunten Lupinen gibt es im Souvenirshop oder in der Gartenabteilung von Baumärkten.

> **Das besondere Geschenk**
>
> Wer ein einzigartiges Schmuckstück haben möchte, kann seinen eigenen Anhänger während eines Bone-Carving-Workshops anfertigen. Dafür muss man keine besonderen künstlerischen Fähigkeiten haben, nur Geduld, etwas Phantasie und eine ruhige Hand.

Manuka-Honig und andere Spezialitäten

Manuka-Honig wird nur in Neuseeland produziert und es wird ihm eine besondere antibakterielle Wirkung nachgesagt, weshalb er gern als Naturheilmittel benutzt wird.

Vor der Abreise lohnt sich der Gang in den Supermarkt – typisch neuseeländische Süßigkeiten und Spezialitäten wie Pineapple Lumps, Marmite, L&P, Crunchie bars, Milo, Chocolate Fish oder Jaffas probieren die Freunde zu Hause sicher gern.

10.3 Diesmal andersrum – Eigenkultur-Schock

Kaum zu glauben, wie schnell die Zeit vergeht! Ruckzuck ist der Tag da, an dem man wieder im Flieger nach Deutschland sitzt. Ein bisschen Wehmut und Abschiedsschmerz gehören bei den meisten dazu.

Zurück zu Hause hat man den Eindruck, dass nichts mehr so ist wie zuvor. Freunde und Familie haben sich verändert und irgendwie liegt man nicht mehr auf einer Wellenlänge. Oder man realisiert, dass sich eigentlich gar nichts geändert hat außer einem selbst. Die vertraute Umgebung erscheint auf einmal fremd und ungewohnt. Man fühlt sich nicht mehr zugehörig. Und wieder muss man sich umgewöhnen und einleben.

In diesem Fall spricht man vom Eigenkultur-Schock (auch umgekehrter Kulturschock). Aber keine Sorge, auch dies ist nur eine Phase. Der Work-and-Travel-Aufenthalt hat seine Spuren hinterlassen. Man hat neue Eindrücke und Erlebnisse gesammelt, andere Menschen kennengelernt und seine Lebensweise geändert. Das ist gut so, denn nach und nach wird man merken, wie bereichernd die Neuseeland-Reise tatsächlich war und wie sehr sie einen persönlich vorangebracht hat – auch wenn die Landung in Deutschland in den ersten Wochen vielleicht ein wenig unsanft ist.

Was hilft beim Eigenkultur-Schock?
- Offen und ehrlich mit Familie und Freunden über das reden, was einen beschäftigt.
- Zu alten Ritualen zurückkehren – sei es die morgendliche Stunde Joggen im Park, frische Brötchen zum Frühstück oder das Sonntagabend-Bier mit Freunden.
- Familie und Freunde am Erlebten teilhaben lassen – wie wär's mit einem netten Neuseeland-Abend mit landestypischem Essen, lustigen Geschichten und Reisefotos? Achtung: Man sollte sich auf das Wesentliche beschränken!
- Sich nicht verkriechen, sondern möglichst schnell in den Alltag zurückfinden.

10.4 Wie geht's weiter?

Am besten ist es, so schnell wie möglich wieder in einen normalen Lebensrhythmus zu kommen. Verschiedene Manches muss man erledigen: die Mitgliedschaft bei der Krankenkasse erneuern, sich bei der Agentur für Arbeit melden bzw. der Universität oder dem Arbeitgeber, eine neue Unterkunft finden oder die alte Bleibe übernehmen. Für viele beginnt nun die Suche nach einem Job oder einem Studienplatz. Doch dafür haben W&T-Rückkehrer die richtigen Trümpfe in der Hand – gutes Englisch, dazu gewonnene Arbeits- und Lebenserfahrung, Zeigen von Mut, Flexibilität und Spontaneität, interkulturelle Kompetenz, Selbstständigkeit und Organisationstalent. Wenn das keine Pluspunkte für den Lebenslauf sind! Vielleicht hat sich manch einer nach der Rückkehr auch für einen Neuanfang entschieden. Was auch immer jetzt kommt, wichtig ist, dass man seinen Weg findet. An die Zeit in Neuseeland werden die meisten hoffentlich gern zurückdenken und ihre Erlebnisse dort nie vergessen. Wer weiß, vielleicht zieht es den einen oder anderen ja noch einmal nach Neuseeland.

Haere rā! Ka kite anō ! – Goodbye! See you again!

AIFS American Institute For Foreign Study
Baunscheidtstraße 11
53113 Bonn
Tel.: 0 228 / 9 57 30-0 Fax: 0 228 / 9 57 30-10
www.aifs.de | workandtravel@aifs.de

Ansprechpartner: Daniela Arndt, Laura Schmidt

Partner & Programmablauf in Kanada: Go International: Partnerbüros in Vancouver und Toronto; Einführungsworkshop vor Ort; die ersten zwei Nächte im Hostel inkl. Frühstück sind im Preis enthalten
Bewerbungsfristen: Anmeldung bis spätestens 2 Monate vor Ausreise
Vorbereitungstreffen: nein
Nachbereitungstreffen: ja, in Form eines Returnee Treffens

Leistungspaket/im Programmpreis enthalten:
- Betreuung durch einen Program Coordinator während der Vorbereitung
- Hilfestellung bei der Beantragung der Arbeitserlaubnis
- AIFS Package mit ausführlichem Handbuch und AIFS T-Shirt
- persönliche Teilnehmerliste zur Kontaktaufnahme mit den Mitreisenden
- Hin- und Rückflug mit Lufthansa
- 2 Übernachtungen in Vancouver bzw. Toronto
- Einführungsworkshop in Vancouver/Toronto
- Unterstützung durch unseren Partner vor Ort
- Teilnahmezertifikat und Einbindung in das AIFS ReturNet

Programmpreis (Stand Mai 2013; ca.-Preis für alle aufgeführten Leistungen)
Work & Travel in Canada Package 1.450 Euro für bis zu 12 Monate (inkl. Flug)
(Preise exkl. Übernachtungen und Verpflegungen während des Aufenthaltes)

Zusatzoptionen/ Besonderheiten/ Sonstiges:
- Kombination mit Volunteer and Travel möglich;
- weitere Work and Travel Destinationen: Australien, Neuseeland, Mexiko